张文博◎著

心理学专业的大学生，学什么？

北方文艺出版社

·哈尔滨·

图书在版编目（ＣＩＰ）数据

心理学专业的大学生，学什么？/ 张文博著 . —— 哈
尔滨：北方文艺出版社，2022.7
ISBN 978-7-5317-5526-5

Ⅰ . ①心… Ⅱ . ①张… Ⅲ . ①心理学－通俗读物
Ⅳ . ① B84-49

中国版本图书馆 CIP 数据核字 (2022) 第 066259 号

心 理 学 专 业 的 大 学 生 ， 学 什 么 ？
XINLIXUE ZHUANYE DE DAXUESHENG XUESHENME

作　　者 / 张文博
责任编辑 / 富翔强　　　　　　　　装帧设计 / 树上微出版

出版发行 / 北方文艺出版社　　　　邮　编 / 150008
发行电话 / (0451) 86825533　　　经　销 / 新华书店
地　　址 / 哈尔滨市南岗区宣庆小区 1 号楼　网　址 / www.bfwy.com

印　　刷 / 武汉市籍缘印刷厂　　　开　本 / 880×1230　1/32
字　　数 / 129 千　　　　　　　　印　张 / 6.75
版　　次 / 2022 年 7 月第 1 版　　印　次 / 2022 年 7 月第 1 次印刷

书　　号 / ISBN 978-7-5317-5526-5　定　价 / 68.00 元

愿每个手拿这本书的人，

都能感受到心理学的魅力。

前言

为什么写它？

我刚上大学的时候，便从前辈们那里听说《心理学导论》这门课的"恐怖"之处。在一周一章的速度下，每周一次课上小考，每个月一次大考，加上小组作业要求极其严格，期末考试无重点——全考。我们听说谁选了这门课，都会拍拍对方的肩膀，并说上一句"祝你好运"。

即便是专业课必修这门课的人，也很少有人能真正看完这本书，多数人都半路放弃了。因为 UIC（联合国际学院）是全英教学，我们用的教材是英文版的西尔格德心理学导论。如果是第一次看这本书，一个词一个词地去查的话，我调查到的平均速度是一小时看一页（每一章大概 30 页）。

而作为我 2018 年高考结束后的第一志愿——应用心理学，我对这门学科有着十足的尊敬和热爱。可每次全校选课，自由选修课中最后剩下的都是心理学导论，同时我还经常能听到身边人说自己喜欢心理学，但这门课实在不好拿分就放弃了。这件事始终在我脑海里回荡，也令我无比痛心，学习本是一件快乐的事，特别是学习心理学。在今天，有无数的人，哪怕只简单地了解了一点心理学理论都会因此受益，在大学系统地学习一学期心理学，显然是不应该被错过的。

这时，一个想法就在我脑海中浮现——"你应该写本书"。就像和朋友聊天一样，把自己的所学所想分享给更多人！弥补这份遗憾！哪怕只有一个人读后因此受益，这对我来说都是一件有意义的事。最终，在我的读者和朋友们的鼓励下，当初的想法变成了现实，这本书才与你相见。

可以说，如果你想花费一本书的价钱，就体会一个心理学大学生四年学习生活中的所思所想的话，那么这本书你选对了。

目录

第一部分：课堂之上 001

1. 入门——心理学的本质 003

2. 生物心理学基础................................ 013

3. 发展心理学 023

4. 感觉 036

5. 知觉 049

6. 意识 062

7. 学习与条件作用................................ 073

8. 心理疾病 085

9. 心理疾病的治疗................................ 095

10. 社会心理学 105

第二部分：课堂之外 121

　1. 坦然 123

　2. 元思考 133

　3. 心理学与生意 142

　4. 我们为何上瘾 153

　5. 如何与拖延症说拜拜？ 161

　6. 关于爱情 169

　7. 学习的捷径 177

　8. 如何决策？ 183

　9. 自由意志与人生剧本 193

　10. 未来，心理学能做什么？ 198

结语 202

第一部分：

课堂之上

　　如果一个人只凭外表就去评价别人是善良的还是丑陋的，那这个人从某种程度而言是肤浅的；而一门学科如果单从字面意义上理解，这样的理解也是极其片面的。比如，我经常看到有人把心理学打成"心里学"。你可能会有疑问，这怎么了呢？本来就是研究我们心里想什么，为何就不叫"心里学"呢？但这其实是错误的看法，这个"理"，也是物理学的理，归根结底，这是一门科学。一项有价值的心理学研究，需要严谨的实验设计，反复推敲假设，经过严格的同行评审才能与大家见面。所有心理学效应、理论都不是凭空臆想出来的。

　　我们自己如何思考？我们如何认识这个世界？在不同的

社会环境中行为会有哪些变化？一个人的毕生发展会经历哪些问题？心理疾病为何产生，又如何治疗？这些都是心理学家在近几十年来一直追问、探讨的问题。心理学的作用，远远不止是毕业后用来找一份体面的工作这么简单。有人的地方就有心理学，你会知道，发的工资高不意味着高效率（over-justification effect）；我们不自觉认为某事都是别人的错，而自己只是客观环境下的受害者，这些看法往往都是有些偏颇的。

而如果想真正回答心理学是什么，就需要对这一分支庞大的学科有一定了解，最后才能在头脑中形成到底什么是心理学的概念。而这十章的内容也是帮我建立心理学概念的基础，总之我这个本科生心理学入门学什么，这本书就讲什么。

欢迎你来到，课堂之上。

1. 入门——心理学的本质

我曾在应用心理系的新生群里假装过新生，在群里或多或少能看到还未真正接触心理学的学生在图书馆里看《梦的解析》，认为上学前读读这本书能更好地跟上学校的内容。但事实是，那本书对于今天心理学的贡献少之又少，靠它了解心理学可能会误把弗洛伊德的理论当成心理学的全部。

这是十分糟糕的，大众不知道赫伯特·西蒙（Herbert A. Simon）创建的信息加工心理学打破了人工智能发展停滞的局面，也不知道罗杰·斯佩里（Roger Sperry）的裂脑研究推进了人们对言语、思维和意识与两个脑半球之间关系的认识，更不知道丹尼尔·卡尼曼（Daniel Kahneman）结合心理学与经济学，对人在不确定的环境下所做出的决策会出现的种种偏差的研究。这些心理学教授都是诺贝尔奖获得主，今天我们在微信上发出的语音能快速地转换成文字，理解并应用左右脑在功能上的差异性和互补性，银行专家根据投资者风险偏好来制定投资组合，都离不开他们所做出的贡献。

我们必须承认弗洛伊德的时代早就过去了，今天我们的研究都搭建在科学的原则上。而这一章的内容，将为你介绍什么是一个科学家应该具有的思维。先是理解科学家们只谈假设、不谈观点的科学思维和四个常用的心理学实验方法，随后介绍主流的心理学分支都有哪些。

1.1 假设——探究心理学的核心思想

当代心理学理论或者效应的提出，最开始都只是一个假设，再经过不断地验证。这也是为什么心理能被称之为科学的原因 —— 具有可证伪性（falsifiability）。比如，我们想探究一个人每天对着自己说"加油，你是最棒的"这件事会不会对这个人造成积极的影响。单单凭借直觉回答有用是不够的，我们要先假设一个人每天对自己说积极向上的词汇会导致他的发展更好，然后通过实验来验证这个假设，看看说一个月积极词汇后，这个人的成绩是否有所提高？身体是否更健康？是否更具有活力？可能有变化，但也可能没变化，最后无论结果如何，都要尊重结果。推翻了假设，那就是假设不成立；没推翻假设，我们也只能姑且先说，在这样的情况下，假设是成立的。

普通人的思维观点是"我认为""我觉得"，而科学家都是严谨的，如"本实验提出了一个假设"，我们来一起验证它，这里没有主观意见，也没有情绪，就是心平气和，冷静地探究这个问题。

一个假设提出之后，就可以被验证，如果到目前为止没有"反例"推翻这个假设，那也不意味着这个假设就是真理，只能说这个假设暂且成立。最经典的例子便是牛顿经典力学，在爱因斯坦之前，没有人发现关于牛顿定律的特例，但这依然不意味着牛顿的理论永远实用。近代心理学的研究，也都遵循这一思想准则。知道你为什么做出这样的假设，知道你的结果多大程度上能支持或反对你的假设。

每个人都有观点，而这些观点一旦遭受攻击，我们会本能地捍卫自己的观点，就如捍卫被攻击的自己一样。可一旦这样便没办法得到客观且准确的结论。而用假设思维来思考问题，就是心理学家的一大特点，在这里我们从不说自己发现了真理，我们只说，到目前为止，这个假设是依然成立的，依然没有被推翻。

1.2 心理学研究的 4 个方法：实验、相关、观察和荟萃分析

实验和相关是心理学领域应用最广的两个实验方法。比如我们想验证："玩视频动作游戏的人，英语成绩更低。"

在实验角度来说，玩视频游戏就是自变量（通常是我们认为能控制有或没有的因素），英语成绩的高低就是因变量（因为自变量的影响而变化的因素）。在这个基础上，一组人玩视频动作游戏，另一组人不玩，一段时间后，通过观察两组人的英语成绩来验证最初的假设。

在相关角度来说，实验人员会同时搜集参与实验人员玩视频动作游戏的时间和英语成绩，通过回归分析等统计手段判断是否存在相关性系数 r（correlation coefficient）大于零（即呈正相关）的情况来验证假设。再比如上文对自己说积极词语的例子中，我们可以统计同一群体里的两种信息，一组数据是这个人用积极词汇的频率，另一组是这个人的健康程度、学习表现等客观指标。观察这两个变量之间是否存在正相关也是研究这一问题的方法。

另一种进行研究的方法是观察法，即观察受试者感兴趣的现象，通常用于质性研究。例如研究影响亲密关系的重要因素时，实验人员会观察和记录受试者的行为和感受。很难直接观察到的现象可以通过调查（问卷和访谈）或通过个案历史重建来间接观察。

通常这样的研究需要收集大量的案例才能够总结出一套规律，但问题是个人的能力是有限的。

荟萃分析（meta-analysis）弥补了这一缺点，例如有关亲密关系的实验研究，在不同性别、国家、年龄阶段，甚至来访者不同的性格特征上，都会在对亲密关系这一课题产生差异，荟萃分析在总结、反思前人相关的众多研究后，便可以在一定程度上给出更准确、更有价值的分析结果。这也是为什么荟萃分析经常在学术分享和报告时出现的原因。

1.3 经典问题——先天与后天之争（Nature and Nurture Debate）

心理学作为一门研究行为与人们思想活动的科学，不得不面对的一个问题就是：我们的行为特征和心理活动，到底是由天生品质决定呢？还是由我们从出生开始之后到今天的经历所决定呢？这一争论是人们在探究心理学时最早关注的问题，今天看来，先天和后天的因素都会对个体造成影响，因此我们在分析问题时，两方因素都要考虑进去。

英国的马特·里德利甚至专门写了一本书，名字就叫《先天后天》，专门讨论基因与环境之间的关系。事实是，基因想要完全地展现，需要环境的支持，例如想长高必须有足够的营养物质支撑，而后天的培养也一定程度上依赖于基因。

1.4 当代心理学的 5 个主要视角（perspective）

视角的英文准确来说是 Perspective，这一词由词根 spect=look at 引申过来，其中 per 前缀在这里表示透过的意思，所以这一词可以理解为：透过……去看，意味着在特定的视角下观察就会有特定的观点和解释。对于当代心理学来说最重要的 5 个维度分别是生物视角、认识心理学视角、行为主义、精神分析、主观主义。

强调生物学视角的心理学家会用神经元的活动和大脑内部结构来解释行为和认知过程。例如在进行记忆方面的研究时，会强调大脑中海马体这一部分的重要性。再比如，解释心理疾病成因方面，阿南德等人在 2000 年的一项研究中发现，有躁郁症的人多巴胺分泌机制异常，当增加使用多巴胺的药物时，躁郁症发作的概率会提升。

认知心理学视角研究我们思考世界的认知过程。其倾向于将人脑比作计算机，我们将输入大脑里的信息，包括图形、文字、语言、现象、规律、理论等都看成符号，比如我们走迷宫时，脑子里会有一个清晰的地图，指引我们下一步怎么走，这个过程就是我们的认知过程，先构建行为。今天人工智能之所以能够蓬勃发展，也离不开西蒙和纽厄尔等认知心理学家所做的贡献。

行为主义视角倾向于把人的行为解释为环境塑造的产物。例如转发锦鲤获得好运。在行为主义视角看来，这些都是因为在做这些行为之后，得到了正反馈。行为主义的开山鼻祖斯金纳在 1948 年发表的文章中详细介绍了，自己是如何通过训练，让鸽子产生像人一样的行为，例如原地转三圈就能得到食物，而这只是在鸽子碰巧转了三圈后就给予正向强化的结果。极端行为主义的支持者认为只要让他们控制环境，他们就可以把任何人塑造成任何样子，忽略了人的认知部分，例如那些转发锦鲤的人，其实也知道转发只是自我安慰，但那些鸽子就不一定了。

精神分析主义会从潜意识的角度进行分析。所谓潜意识就是那些存在我们脑海中，但又没有被自己察觉到的一部分意识。精神分析理论的支持者会认为梦境就是潜意识进入意识的一个过程，通过对梦中出现的景象的解读可以帮助来访者察觉到自己的潜意识。荣格更是有句经典的话："未经觉察的潜意识，就会变成你的人生。"我儿时经常做被人追赶的梦，这像是潜意识告诉我要逃避什么，而事实是那个时候的我面临中考升学问题，而自己又常年班级倒数，表面活泼其实内心深处十分想逃避生活中的一切。意识没办法思考，只能由梦来宣泄自己的压力。这在我身上说得通，而且后来有类似的梦，我都会反思自己在逃避什么问题，然而这也只能说是我自己的解读，必须强调一下这并不具有普适性。

　　我在医院实习的过程中了解到，现在用于分析潜意识的工具，例如绘画房、树、人，都不能用来暴力分析，而要依据表达者的真实情况来分析，在今天谈论梦，谈论来访者自由联想到的东西，更多的被用于快速和患者建立有效沟通。以我之见，心理咨询更像是一门通过谈话帮助患者获得幸福，进而能适应社会的艺术。

　　最后，主观主义也补充了行为主义的局限性，强调人类活动是感受世界的一种方式，而不是客观世界。基本特征是严格区分主观与客观世界。在解释一个人的行为时，会关注其过去经历、所处的文化环境和当前做事的动机等因素在脑海里构建出的主观状态。例如在解释暴力游戏会增加攻击性行为时，主观主义视角的解释认为暴力游戏渗透并强化了对应的图式（图式就是我们理解、组织世界所用的心理模版，例如自我图式就表示一个人对自我的认识）。

1.5 过度理由效应，这个理论教会我们什么？

从前有一个喜欢清静的老者，他家里有一个大院子。可突然有一天来了一群小孩，在院子里追逐打闹，打破了老者的平静生活。但他并没有急着赶小孩子们走，而是跟孩子们说："我平时一个人在家很闷，所以很期待你们以后每天都能来玩，我愿意付给你们每人每天5块钱。"孩子们都很开心，并坚持来了一段时间。但在之后的某一天，老者突然和孩子们说："我的钱用完了，不能给你们钱了，你们还愿意来玩吗？"孩子们纷纷摇头，殊不知这一切都是老者的计划。

孩子的原本动机"玩游戏开心"已经变成"为老者工作"，从而失去了最初那份纯粹的意义。Justification 有"理由"的意思，也可以理解为动机，加上前缀 over（覆盖）后，便可以理解为：在某样东西覆盖了这份最初的动机后，对待事情的态度和结果往往会发生改变。

可能是因为我本人年轻，我总嫌弃为了提高成绩而学习的自己。在很多人的世界中，能引起他们兴趣的不只有游戏或电视剧，还有读书和不断刷新自己的认知。但当走进大学，走进优绩制支配下的大学生活，最初的学习动力，比如好奇心、热情、使命感这些能帮助我们走得更远的目标，渐渐被弱化了，被短期、功利的提高学分所替代。那些曾经半夜睡不着觉，越看书越精神的人，可能考完试便把书丢进垃圾桶，毕了业就不再学习。当我们的动力全部来源于外界的时候，我们就容易走上迷失的道路。

时刻提醒自己的最初动力是什么，即便是拿了"工资"，我们也依然可以做当初那个在院子里玩得开心的孩子。

写在最后：

心理学不仅是一门能够反映现实世界问题的学科，同时也是不断丰富、严谨的学科。不断学习的过程中会引发自身"寻找自己内在动力"的思考，一边认识自己，一边改变自己。本书后面的内容也将侧重于回答心理学怎么"用"这一问题。

2. 生物心理学基础

在生物学视角下（biological perspective），科学家在生理层面找到了相关机制以解释思维过程。到今天为止，越来越多相关实验指出，生理特征与心理活动之间存在关联。例如2020年7月张向阳研究组发表的一篇名为《"没有痛苦就没有收获"：来自优秀运动员意志品质的脑形态测量研究的证据》的文章中指出，高意志品质的运动员在自觉性和坚毅性两方面都比对照组要优越，且运动员在左侧楔前叶等相关脑皮层厚度明显大于对照组。再比如1906年阿尔茨海默医生在蒂特的大脑里发现了颜色很深的沉淀与细丝状物体，人们这才意识到，原来阿尔茨海默综合征是一种病态的大脑衰老，经后续研究发现是大脑神经元出现类似打结等问题后导致的记忆功能丧失。由此可见，具有一定相关的生物学知识，对未来的研究和深入探究某一心理学问题具有重要意义。这一章主要介绍最基本的与心理学有关的常识。

2.1 细胞内外的结构与信息传递

神经元是本章的第一个重点，它是神经信号传递信息的基本单元。在神经元传递信息时，遵循全部或没有原则（all-or-none law），意味着点信号的传递状态有"传递一份"或"不传递"两种状态。

神经元在传递信号的过程中，将轴突包裹起来的髓鞘是保障神经元信号传递速度的重要组成部分，它主要由脂肪组成。在它的帮助下，电信号完成跳跃传导，电信号进入髓鞘后就会立即从另一端传送出来。值得注意的是，构成髓鞘的脂肪并不是肥肉里的脂肪（饱和脂肪酸），而是深海鱼、坚果里富含的不饱和脂肪酸。髓鞘的脱落会导致多发性硬化症，病人往往会出现视力障碍、感觉障碍、运动障碍，等等。指甲边缘出现倒刺、皮肤干燥、经常掉皮屑，这些都是身体缺乏这些脂肪酸时给我们发出的信号。对于任何一位需要保持高效学习状态的人来说，时刻补充营养物质是科学且有效的做法。

突触是信号在神经元之间传递时的重要载体。

当神经冲动在髓鞘的帮助下传递到突触末端时，会由突触小泡（synaptic vesicles）释放，传递到突触间隙中，与另一个神经元上的受体结合，同时遵循锁与钥匙法则（lock and key law），即某种特定的神经递质只会和相对应的受体进行反应。

2.2 神经系统

当我们踢足球的时候，我们都会做"踢腿"这一动作。我们的动作受大脑主动控制，踢腿这一指令被中心神经系统（central nervous system）所传递，也就是从大脑到脊髓（spinalcord），最后到达边缘神经系统中控制运动的躯体神经系统，最后完成踢腿动作。其中运动系统（motor system）负责将信号传向肌肉，感觉系统（sensory system）负责将信号传递到中心神经系统。

除此之外还有自主（autonomic）神经系统，它包括副交感神经系统（parasympathetic division）和交感神经系统（sympathetic division）。它们有什么作用呢？例如，当人类祖先还在丛林里生活，需要面对凶猛野兽的追赶时，交感神经系统就会处于控制身体的主导地位，它会保持兴奋的状态以帮助我们应对眼前的危机，这时伴随着外界带来的压力感，个体会心跳加快，血液流动变快，呼吸更急促，肌肉会更具有活性，同时消化系统的功能会被抑制以确保个体专心去完成跑跳等剧烈运动。而这样的状态对于丛林生活来说，只在很少的时刻才会发生，大多数情况支配我们的还是副交感神经，多数用于休息和消化食物。

如今，在都市生活的我们不仅生活节奏快，而且无时无刻都要面临社会大环境所带来的压力，这使得我们今天的日常生活中，更多的是受交感神经系统支配。首先，长时间给心脏和呼吸系统工作带来压力，会引发心脏疾病。其次在交感神经的主导作用下，消化系统并不能正常工作，现代医学已经多次证明，长期高压容易导致肥胖、溃疡或者炎症。

由此不难理解，为什么今天越来越多的人强调冥想、呼吸练习等主动令身体进入放松状态的运动的重要性。理解交感神经与副交感神经的工作原理以及对身体造成的影响后，相信也会对主动放松这一概念多一些认同，同时也会督促我们寻找一种有效应对压力的健康生活方式。

2.3 脑的组成与脑额叶

当时在学《心理学导论》时，"人脑的各个组成以及功能"这一部分是我们整个系的噩梦，每次考试前我们都担心这一部分到底考不考。脑子中那么多结构、使用原理，英文还都奇奇怪怪，不背吧，不放心，背呢？又真的背不下来。

后来学了《生物心理学》才发现这些基础知识在延伸之后的知识点如浩瀚星河，相关研究数不胜数。

现代科学对脑的组成以及作用的认识大多依赖于对被试者脑部活动的观测，但这样的研究依然是片面的，例如某些患者在一半大脑受损的情况下，依然可以凭借另外一半的大脑重新完成所有活动，我们很难说具体某一动作、情绪或状态 100% 受大脑某一部位控制。不同部位之间存在相互合作、共同协作的机制。

5 个重要的脑叶

每个脑半球分为五个叶：额叶、顶叶、枕叶、颞叶和岛叶。

额叶是人类最晚进化出来的大脑部分，位于脑半球的最前面，能占到大脑半球的三分之一。它是人调用理性的区域，通常前额叶皮质需要到 25 岁才能发育完全，这个时候情绪更稳定而且更容易专注地做事。所以大学生有情绪波动是十分正常的事情，因为我们的"理性"还没有完全成熟。

顶叶处理有关温度、味觉、触觉和运动的信息，位于脑半球的中部部分，包括感觉中枢、实体分析区等。我们的膀胱和直肠也是由其控制。当顶叶出现病变时，个体会出现感知障碍，空间定向障碍等问题。

枕叶主要负责视觉。它位于大脑的最后面，主要处理视觉信息，当其出现病变时，会诱发一些识别功能类的疾病，例如偏盲和视觉失认症。

颞叶涉及人的感觉处理、视觉记忆，以及情感功能。我们熟知的海马体就在内侧颞叶中。有研究表明，头部长期受到撞击，例如顶足球，有可能会对颞叶前端造成损伤，对记忆力、语言功能、情绪控制造成伤害。

岛叶主要负责躯体和内脏的感觉，包括味觉、痛觉和其他情感，内脏运动和自主神经的控制，以及心血管功能和部分涉及听觉、语言功能的控制。

2.4 左右脑分离试验（split-brain research）

裂脑研究表明两个半球的功能不同，左脑主要负责逻辑理解、记忆、语言，右球主要负责空间形象记忆、直觉、情感、身体协调、视知觉、想象、灵感等，是创造力的源泉。左右脑功能不同，但这并不意味着两个半球独立工作，它们在不断地进行整合活动。[①]

某些病人为了治癫痫病，会将左脑和右脑之间的连接管道切开（通常是最后无奈之下采取的手段），左右脑就不能直接联络了。

我们知道，人的左脑控制右眼，右脑控制左眼。如果你让病人的左眼看一个字条，上面写着一句话"请你现在走出房间"，他看到字条会站起来照做。这时候只有他的右脑知道这个指令，左脑（负责语言区域的地方）并不知道。所以，在他往外走的时候，你过去问他，为什么要走出去？你猜他会怎么回答呢？

负责回答问题的是左脑，可是左脑不知道字条内容，它跟右脑又没有交流，所以左脑根本就不知道"自己"为什么要往外走。实验结果是，受试者给你的回答并不是"我不知道"。左脑的做法是现场给你编造一个答案，比如说"我要去拿一罐可乐喝"，而且左脑对自己编的这个答案深信不疑，它以为是它自己做出到外面走走的决定。[②]

这样的实验结果引发了我的很多思考，我们的想法往往来源于大脑中很多个"我"，就如同迪士尼电影《头脑特工队》

①Gazzaniga, M. S. (2005). Forty-five years of split-brain research and still going strong. Nature Reviews Neuroscience, 6(8),653—659.
②《佛学为什么是真的》："无我"的科学．（2017-11-07），万维钢，精英日课第二季。

里讲述的一样，控制我们思想和行为的并不仅仅局限于一个部位，整个大脑相互协作，离不开其中任何一个部分。对这项研究的思考不仅能帮助我们更好地认识到大脑的复杂性，加深对自己意识的理解程度，更引发了类似"我的意识到底来源于哪里？""人是否拥有自由意识？"等深刻的哲学问题，值得去思考。

2.5 动作电位的过程

动作电位有三个阶段：去极化（depolarization）、反极化（polarization）、复极化（repolarization）。

在适宜刺激作用下，细胞膜电位差达到阈值电位时处于这个膜区的钠通道打开，大量正电钠离子流入，某一时刻，膜内外无电位差异即从静息状态达到 0 电势状态，这个过程叫作去极化。在去极化过程中，细胞内部的正电性越来越强，直到电位接近钠的电化学平衡，即到达最大反极化的过程叫反极化过程。

当达到反极化顶峰的时候，钠离子通道关闭，钠离子内流停止，此时钾离子通道打开。大量钾离子外流，重新回到静息电位，这个阶段是复极化阶段。复极总是首先导致超极化，超极化是一种膜电位比静息膜电位更负的状态。但在那之后不久，膜再次回归了膜电位的正常值。

总的来说，神经信号传递过来时，电位增加到了可以触发动作电位的阈电位值，钠离子通道打开。因为细胞具有保钾排钠的特性，所以细胞内液的钾离子多钠离子少，在这样的情况下钠离子通道一旦被打开，钠离子就会内流进细胞，导致细胞内正电压升高，这时便发生了去极化，升高到钠离子电位平衡时，钠离子不会再进入。随后钠离子通道会关闭，钾离子的通道会打开，导致钾离子外流，这便是复极化，在巨大压力的作用下钾离子总会排出得过多，这时便是超极化，而在这之后通过离子渗透作用，膜电位会自动恢复平衡。

2.6 神经递质

乙酰胆碱（Acetylcholine）——参与记忆和注意，并在神经和肌肉之间传递信号。老年人常患的阿尔茨海默病就被认为是分泌乙酰胆碱的神经元退化所致。乙酰胆碱作为常见的兴奋性递质广泛分布于中枢与外围神经系统。

去甲肾上腺素（Noradrenaline）——它的增加或减少与情绪水平的增加或减少有关。我们能够保持清醒，很大程度上依靠它的调节，它还能起到调节血压和保持体温恒定等功能。

多巴胺（Dopamine）——我们能体会到快乐的一部分原因就在于自身能分泌多巴胺。

血清素（Serotonin）——在情绪调节中起重要作用，是影响幸福感、归属感以及维持身心健康的重要激素。抑郁症患者往往血清素水平较低。火鸡、香蕉等食品能提供提高血清素所需的色氨酸。

谷氨酸（Glutamate）—— 在记忆方面起到重要作用。近几年的研究发现，脑内内侧缰核的神经细胞释放的谷氨酸，会抑制中脑一部分释放多巴胺的神经细胞，使多巴胺的分泌减少。可以通过这一思路解释抑郁症的病发原因。

写在最后：

"有些人能感受雨，而其他人则只能被淋湿。"

—— 鲍勃·迪伦

关于生物心理学来说，本章的介绍之可以说是入门的入门，是因为能够一定程度上解释各个生理结构的运作机制，以及相互协调的原理是研究生物心理学的入门要求。对于准备学习心理学的人来说，若想对一些基本的概念有一定的掌握，这一章的内容是需要进行记忆和背诵的，这些看似枯燥的信息都为后续的探索和发现做了一定准备。谁也不想在分析现象时听别人说起下丘脑，却不知道那是什么，对吧？事实上我们被这繁多的知识点"淋湿"的同时，也能从某种程度上感受到"雨"。

3. 发展心理学

为什么说发展心理学对教育有着重要作用？比如，在 19 世纪早期，人们错误地以为儿童只不过是缩小版的成人，在这样的错误认知下，年仅六七岁的儿童，在煤矿场里全职工作。随着发展心理学的发展，对儿童成长规律不断探索，我们才知道不应该让儿童在本该学习的年纪去工地或者煤厂工作。

今天的我们已经知道，一个人一生的发展是有一定规律可循的。例如，刚生下来的孩子不会走路，到了相应的时期，孩子自己就能学会。有很多家长过分担忧自己的孩子比别人家的差，其实是没必要的。提前让一个孩子从半岁开始就学习走路，他往往要学到 2 岁；可让一个一岁半的孩子学习走路，基本上也是 2 岁就学会了。所以很多拔苗助长的行为，例如在孩子不具备逻辑运算能力的时候强行逼迫孩子，打骂孩子，这些都是错误的教育行为。

关于发展心理学，学者们最初仅仅研究小孩子的发展规律，并将其命名为儿童心理学，后来研究扩展到青少年、成人早期，就改名叫发展心理学，现在也研究成年人、老年人，所以当前的学术界普遍把这样一门研究人一辈子心理发展变化的学科叫作"毕生发展心理学"。

本章我们会从三个重点来宏观理解：第一是聚焦儿童心理学，以皮亚杰的理论为重点探讨对象来体会我们人的发展并不是绝对线性的；第二是扩展到发展心理学，每个年龄段个体都有自己要面对的主要矛盾，其中艾瑞克森的理论最具代表性，并借此讨论身份认同问题；第三是启示，了解人一生如何发展，并从中受到启发，懂得如何面对自己的一生。

3.1 儿童的非线性发展

如果说在众多发展心理学家中只挑选一位介绍，那肯定要介绍皮亚杰。出生在瑞士的他从小就智力超群，发表第一篇文章的时候只有 10 岁，内容是对一只患有白化病的麻雀的报告。此后数年，他在儿童发展认知领域发表了近百篇文章和多部书籍。他提出的认知发展阶段理论颠覆了人们对儿童发育的传统认知。英国著名的发展心理学家彼特·布莱安特说过："没有皮亚杰，儿童心理学将是微不足道的。"他提出的图式、同化、顺化等概念对今天的人工智能也起到了深远影响。

同化与顺化

你是否曾想过我们是如何分析和感知世界的？这是一个很奇怪的问题，但皮亚杰注意到了，并提出了自己的观点：我们的认知系统服务于对外在环境的适应。一方面运用已有的知识理解外界，比如小孩将一块铁片假想为一把宝剑，就是把这块铁片与自己心中已有的关于"宝剑"的心理概念同化（Assimilation）了。而当小孩试图拿起铁片却发现这个"宝剑"并不酷，并不帅，甚至连剑柄都没有时，幼儿心中的认知结构就会因为玩耍铁片这件事而发生改变，即并不是所有长的、硬的东西都是宝剑，这便是顺化（Accommodation）。

简单来说，如果原来的认知能解决问题（外在刺激与内在心理结构不产生冲突），那么只需要同化；相反，如果原来的认知不能解决问题，则需要顺化（在心中对事物的理解进行调整）。

图式与平衡

除了同化与顺化之外，皮亚杰还提出了图式（schema）和平衡（equilibrium）两个概念。其中图式就是我们认识世界的基础模型，将我们的知识具体到一个概念上，同化会引发图式的量变，而顺化会造成图式性质上的变化。平衡指的是我们遇到的外在刺激都能被同化的认知结构状态。当我们需要顺应以前没遇到过的情况，需要做出改变时，平衡就会被打破，直到新的模型建立完成时才会再次回到平衡的状态。

认知发展与人工智能

在很久以前，计算机科学家们一直试图用一种自上而下的方式开发人工智能。举例来说，如果目标是设计一个识别"苹果"的系统，则计算机科学家们会尝试设计一个能囊括所有关于苹果内容的信息系统，然后让其识别。说白了，就是造一个万能的大图式集。然而这却难倒了无数的计算机科学家，因为无论怎么设计，程序总不能准确识别。然而，在皮亚杰的认知发展理论启发下，计算机科学家开始试着让计算机用人的方式自下而上地解决问题。计算机不再是出场就能 100% 准确识别苹果，而是在不断输入大量有苹果和没苹果的图片后（也就是顺化和同化）渐渐优化算法，从而提高识别率。

皮亚杰——认知发展阶段

皮亚杰认为人的认知发展是一个具有质的差异的连续阶段，认知的发展是整个心理发展的核心，通过对认知（或智慧）发展阶段的描述，能展示心理发展的基本特征，发展进程的每一阶段都有其独特的图式或认知结构。发展阶段具有一定程度的重叠和交叉，前一阶段的结构是后一阶段的基础，各个阶段与特定的年龄相联系。他把个体认知发展的过程划分为四个阶段：

感知运动阶段（sensorimotor stage，0～2 岁）

这一时期的儿童还不具备语言能力，仅仅通过感知动作来回应外部世界，构建动作图式，并在该阶段的中后期，有了一定因果关系的概念，同时逐渐形成客体永久性的意识。所谓"客体永久性"，指即便事物不在我们的感知范围内，我们仍然认为它是客观存在的。比如有人拿走了你手里的书，你也知道书是永远存在的。但皮亚杰认为，这种能力不是人生来就有的。他以实验证明，对客体永久性的认识是人在八个月大的时候才开始的。在此之前，给孩子一个可爱的玩具，他会伸手去拿。但用一块布盖住玩具的时候，他就会停止抓取，而把注意力转向别处，如同玩具不再存在。该阶段又可以细分为反射练习时期、习惯动作和知觉形成时期、有目的的动作形成时期、手段和目的之间的协调时期、感知运动智慧时期和智慧的综合时期等六个时期。

前运算阶段（preoperational stage，2～6岁）

这个时候的孩子喜欢看动画片，因为孩子已经可以简单运用语言符号进行表达与思考，有了表象思维能力，儿童的思维得以从具体动作中摆脱出来。此时的儿童具有明显的自我中心特点。[①]此外，这个阶段的儿童倾向于将所有的事物都视为有生命、有意识的，因为这个阶段的儿童还不能很好地区分心理和物理现象，具有"泛灵论"的特点。

---

① 皮亚杰通过"三山实验"证实，儿童总是从自己的角度来看待世界。实验让儿童先观察大小不同的三座山的模型，然后请他从许多三座山的照片（观察角度不同）中选出和自己以及坐在B、C、D位置的娃娃所看到的模型相一致的照片。实验结果显示，不到4岁的幼儿根本不懂得问题的意思。4～6岁的幼儿不能区分他们自己和娃娃所看到的景象，他们总是选择他们自己所看到景象的照片。

具体运算阶段（concrete operational stage，7～11岁）

在这一阶段，孩子有了逻辑思维，能掌握初步的加减法。具有内化性、可逆性、守恒性以及整体性等特性。是否到达这一阶段的判断依据是测试儿童是否具有守恒概念。例如，将水从一个细高杯子倒到一个宽口杯里时，孩子能意识到水是一样多的，而不是单单看高度这一个维度。这表明儿童的思考过程已经不单单靠知觉来完成。

形式运算阶段（formal operational stage，12岁以后）

形式运算是认知发展的最后一个阶段，这个时候孩子能把形式和内容分开，这个时候的孩子能够理解超出感知范围的具体事物和形象，进行抽象思考和命题运算。最直接的例子就是能够开始理解方程式。这一时期的孩子思维更具灵活性、系统性和抽象性。

对皮亚杰理论的简评

皮亚杰的认知发展理论并非无懈可击。许多人认为皮亚杰的理论不可能适用于所有认知发展情形，并且对认知变化如何产生所做的解释不够具体。或许是因他的研究目的和研究方法的限制所致，皮亚杰对认知发展阶段的偏好甚于对认知发展过程的具体表述和解释。但其实验和理论所带来的启示，毫无疑问对儿童认知发展理论有推动作用。

3.2 埃里克森的人生发展挑战

"好的家庭，好的关系，好的状态，最终的结果都导向于自我的不断延伸。"心理学家埃里克森认为，一个人的发展，就是自我范围逐渐扩大的过程，从不能直立行走，到自己能够照顾自己，最后组建家庭，有了事业。

埃里克森从社会心理学的角度出发，认为我们在不断延伸自己的时候会面对各种挑战，而每个时期需要应对的问题都各不相同，同时完成挑战与失败会对我们造成不同的影响。其理论有助于我们提前意识到未来可能面对的问题，并审视自己的一生。首先我们来看一下不同时期的 8 种挑战。

1. 信任与不信任危机 (0 ～ 1.5 岁)

这一阶段从出生开始，大约持续到 18 个月大。在这一阶段，婴儿的生活完全依靠照顾者。如果养育者能给予稳定的照顾，比如婴儿每次哭都会有人耐心地哄并回应需求，那么婴儿就会发展出信任感。这种信任感会延续至其他关系，即便是在未来的关系中受到威胁，他们依然也能具有安全感。而如果婴儿的需求得不到满足，他们就会发展出不信任、焦虑甚至怀疑等感觉。

2. 自主与羞耻、怀疑 (1.5 ～ 3 岁)

自主与羞耻、怀疑（Autonomy versus shame and doubt）阶段的孩子开始具有一定的自主运动能力，因此十分关注自己的个人掌控感和独立感。如果孩子在这个时候的自主性能被鼓励肯定，比如鼓励孩子尝试探索周围环境，而不是去批评和制止，孩子就会对独自面对世界、独立生存更有自信心和安全感；相反如果这个时候过度控制孩子，孩子可能就会过度依赖他人、缺乏自尊，并怀疑自己的能力和感到羞耻。

3. 主动性与罪恶感（3～5岁）

主动性与罪恶感（Initiative VS Guilt）时期，孩子们更频繁地通过玩耍和其他社会互动来认知自己。他们会通过主动和别人发起互动来锻炼自己的人际交往技能，和幼儿园老师及其他孩子一起做游戏，甚至创设游戏。如果给予孩子主动和他人建立互动的机会，孩子就会发展出一种主动意识，对自己领导他人和做出决定时感到放心。

4. 勤奋与自卑（5～12岁）

埃里克森的第四个社会心理危机，涉及勤奋（能力）与自卑（Industry VS Inferiority）。我们知道这个时候的孩子已经具备了自己做事情的能力，比如阅读、写作和做算术题。教师在这个时候扮演关键角色。同时孩子的同伴将成为孩子自尊的主要来源。如果孩子的表现得到社会的重视和认可，便开始对自己的能力有自豪感。如果他们的主动性得到鼓励和加强，他们就会变得勤奋，在未来职业道路上更有信心完成目标。而如果自己的行为不被鼓励，则会发展出自卑，怀疑自己，甚至产生自卑感。

5. 身份认同和混淆（12～18岁）

身份认同与角色的混淆（Identity VS Role Confusion），在这个阶段，青少年通过对个人价值观、信仰和目标的强烈探索，寻找自我认同感，回答类似于"我是谁"的问题。同时为了应对角色混乱或身份危机（identity crisis），青少年可能会开始尝试不同的生活方式。

6. 亲密与孤独 (18～40岁)

亲密与孤立（Intimacy VS Isolation），在这一阶段，主要的冲突集中在与他人形成亲密、爱的关系上。在这一阶段，我们开始更亲密地与他人分享自己，探索长期稳定的关系。成功地完成这一阶段可以带来幸福的关系，在关系中有一种承诺、安全和被关心的感觉。避免亲密、害怕承诺会导致孤独，被孤立，甚至抑郁。

7. 生成与停滞（40～65岁）

生成与停滞（Generativity VS Stagnation），在这个阶段我们回馈社会，养育孩子，工作富有成效，逐渐有了自己是某个集体或整体中的一部分的感觉，例如成为某公司的核心人物。这个时期如果能够培养出使命感，并找到自己可以贡献的价值，便会产生成就感。而失败则会导致与世界的消极互动，由于找不到贡献的方法，我们变得停滞不前，感觉没有意义，甚至感觉与整个社会脱节。

8. 自我完整与绝望（65 岁以后）

自我完整与绝望（Ego Integrity VS Despair）是埃里克森心理社会发展阶段理论的第八个也是最后一个阶段。这个阶段大约开始于 65 岁，结束于死亡。在这个时间段里，我们总结自己过往的成就，并思考整合自己的一生。能够认定自己一生没有遗憾、收获满满的人将会发展出正直的品质、并坦然面对人生的最后时光，而在整合过程中充满遗憾的人则会十分惧怕死亡，甚至绝望。

埃里克森理论带来的启示

"也许我们都有过'失败'的人生阶段，但这并不意味脱离对生活的掌控。"吴军老师说阅读的最高境界在于能结合作者本身和文章去发现其中的关系。我觉得埃里克森最重要的理论是身份认同，就是其关键人生问题的写照。

他于 1902 年出生，母亲是犹太人，在怀着埃里克森的时候就逃到了德国。1905 年时，母亲就嫁给了另一个男人。1911 年正式由养父领养。在他的孩童时期，埃里克森的高个子，金发，蓝眼睛，在当时的环境中极其显眼，这些导致埃里克森无论在任何场合都面临身份认同困难。在教会，孩子们嘲笑他是北欧人；在文法学校，同学们又嘲笑他是犹太人。这些也导致他毕业时没有拿到学业证书。但这些因素都成了完善他"认同"这一著名理论的基础。正是这样的出身与时代特性，让他的一生充满苦难，但也正因如此，才促使他对"身份认同"这一问题的深入思考。他像一个被深埋地下的种子，在长期扎根后，其理论终于发芽。我们的人生也是如此，命运有时候不给我们选择的机会，我们总要面临一些危机。童年的也好，青年的也罢，无论是在人生的哪一个阶段，成功应对危机不一定是好事，而陷入危机，也不一定是坏事。

3.3 如何过好这一生

也许有人认为一个二十多岁的孩子教导别人如何走好一生是荒诞可笑的，但我本人真的因为对发展心理学这门课的学习，而对自己应该如何走好这一生有了一些想法。

首先是关于死亡，我们总要面对整合自己一生的那一时刻。当生命走到尽头，应该不会有多少人在乎我们生前赚取了多少钱，但会因我们不能再陪伴他们而感到悲伤，人们会想起我们的善意、我们说过的话以及我们对他们的帮助。我们的一生从无到有，再从有到无，从蹒跚学步的婴儿到顶天立地的青壮年，再从青壮年到白发苍苍的老人。

事实上，在人生前半段我们有充足的时间去思考自己如何走好这一生，以及自己打算以什么方式离开人生舞台，我认为这个时候便是在回答"我是谁"这个身份认同问题。我们都可以是伟大的人，也都可以是普通人，社会上有很多人有"工作歧视"，认为"985"的学生去端盘子是一件丢人的事，例如此前清华毕业生卖猪肉引起了网络上的激烈讨论。这在我看来是造成很多年轻人萎靡不振的主要原因，他们的世界被太多社会认同、家庭认同笼罩，却没有自我认同。难道我们自己不是自己生活的主人吗？虽然我们会受到社会和家庭的影响与限制，但自己的人生终要自己面对，要给自己一个交代，到底要做一个什么样的人。

而当我们内心稳定之后，我们便需要在后半段旅程上寻找一个能与自己一同前行的人，这便是亲密关系。不可否认，每个人都有寻找另一半的原动力，爱情是人类情感中最美好的东西，没有之一。在这个过程中我们突破了自我中心，开始关注到世界上另外一个独立的人，我们学会如何照顾对方，并在这个过程中不断完善修复自己。

随后，我们有了事业，有了家庭。很多中年人年轻的时候就像风，他们猛烈，他们取得大大小小的成就，但到中年之后便像是等风人，他们将自己的知识和经验传递给下一代并培养下一代，人类的文化、文明正是因此不断延续。我们的人生总要在某个阶段传递一些东西给下一代，或自己的子女，或自己的学生。人类之所以伟大，也在于能不断将精神和价值传递给下一代，他们在传承之后继续"生根发芽"。

写在最后：

我们的人生就像一首曲子，从开始到高潮，再由高潮到结束。在年轻时应该尽可能多学一些知识，多参加一些实践，以便于建立起自己的身份认同；青年之后与适合的人建立亲密关系；中年时积极参加体育锻炼，因为这个时候的中年危机主要在于身体机能的逐步下降；最后，将这一生的过往总结、传承给下一代，这便是完整而美好的一生。

4. 感觉

舒适的海风、温暖的阳光、凉爽的西瓜，你是否好奇过自己是如何体验到这些的？感觉（sensation）也是心理学研究课题中十分重要的一部分。通过这一章的学习，我们会明白心理学家如何研究我们对于外界刺激的反应，以及各个感觉器官的作用机理。

4.1 如何研究感觉？

感觉是由外界客观环境刺激感受器官所引起的直接反映。例如：视觉是由光线进入眼睛引起，听觉是由声波引起。感觉是各个感官与脑的响应，以及介于中间的神经三个部分一起活动产生的结果。同我们想解决数学问题要借助公式一样，当我们想研究感觉的时候，我们要借助阈值来展开研究。

阈值——量化感觉

你想让闹钟在早上叫醒自己，来防止自己迟到，到底需要多大的音量？电脑屏幕在夜间到底要多亮，才能让自己看清屏幕，又不至于伤害眼睛？要想回答这些问题，我们就必须要先测量感觉体验的强度。[①]

其中最值得关注的是绝对阈限（absolute threshold），也就是产生感觉体验所需的最小物理刺激量。例如在检测听力的时候，我们会依次听到音量大小不同的声音，而我们只需要回答是否听见声音。

但与绝对理想情况不同的是，我们并不会有明确的区别变化，比如对于 28 及以下的强度刺激都感受不到，而对于 28 以上的刺激都能够感受到。实验中得到的结论如下。

对于 10 强度的刺激：0% 的情况下回答能感受到

对于 20 强度的刺激：25% 的情况下回答能感受到

对于 30 强度的刺激：55% 的情况下回答能感受到

对于 40 强度的刺激：95% 的情况下回答能感受到

对于 50 强度大刺激：100% 的情况下回答能感受到

这个时候我们会通过绘制图像[②]，并认为察觉百分数"是"的反应在 50% 时，其对应感觉刺激强度就是绝对阈限。因为

---

① 测量感觉体验的强度，这也就是心理物理学（Psychophysics），由德国物理学家古斯塔夫·费希纳（Gustav Fechner）提出。

② 通过对绝对阈限研究的结果总结为心理测量函数（psychometric function）：在每一种刺激强度（横坐标）下刺激被觉察到的百分数（纵坐标）的曲线。

人毕竟不是机器人，有声音和没声音受到很多因素的影响。我们自己在听的时候，很多时候脑子都是懵的，"这到底有没有声音啊？感觉有，但也感觉像没有……"而50%，正好是是感觉有声音和感觉没声音的临界点。

值得注意的是，我们能够确定觉察到的绝对阈限，感觉系统会对环境的变化感觉更为敏感。这也是为什么在臭的屋子里待久了的人不觉得臭，而从室外进去的人却难以忍受的原因。这是人类进化的体现，使人类能适应自己所处的环境，并偏好新环境，这被称为感觉适应（sensory adaptation），即感觉系统对持续的刺激输入反应逐渐减小的现象。

同时我们也要研究差别阈限（difference threshold），即能够识别出两个刺激之间的最小物理差异。最好的例子是饮料公司，比如公司聘用你开发一款比竞争对手甜的饮料，但同时为节约成本需要尽可能少加糖。这个时候我们为了测量，就需要使用一对刺激，并要求参与者判断两个刺激是否相同，并记录。试验后，你将绘出心理测量函数图，纵坐标为"不同"反应的百分数，横坐标为实际差异。差别阈限的操作性定义是有一半次数觉察出差异的刺激值。差别阈限值也被称为最小可觉差（just noticeable difference，JND）。[①]

①JND 的研究课题最早由恩斯特·韦伯（Ernst Weber）于1834年提出的，他发现刺激之间的 JND 与标准刺激强度的比值是恒定的，例如标准线段长度为10mm，可区分长度为11mm，标准线段为15mm时，需要16.5mm才可区分，同理20mm对应22mm，25对应27.25。这一现象被称之为韦伯定律（Weber's law）。韦伯定律的公式为 $\Delta I/I=k$，I 表示标准刺激强度；ΔI 表示产生 JND 的增量。对于每一种刺激，这个比率都有一个特定的值。在这个公式中，k 是某种刺激的比值，称为韦伯常数。

举例来说，如果你把一粒沙子放在湖里，它不会产生涟漪。这就像阈下刺激（Subthreshold stimulus）。如果你把一颗小石子扔进湖里产生一个涟漪，这就像你的阈值刺激。如果你扔下一块很重的石头，可能会产生一些涟漪，这就像一个阈上刺激（Suprathreshold stimulus）。我们通常生活的环境，接触到的刺激都是阈上刺激。

4.2 视觉

照相机的工作原理一定程度上模仿了人眼识别图像的过程。照相机通过汇聚光线的透镜观察世界。眼睛也具有同样收集和汇聚光线的能力。光线最先穿过角膜（眼睛前部的凸起），再穿过瞳孔（不透明的虹膜上的开口）。照相机通过移动透镜锁定不同距离的物体。为了汇聚光线，晶状体通过改变形状聚焦物体，变薄聚焦远处物体，变厚以聚焦近处物体。为了控制进入照相机的光线量，你要改变透镜的开口。对于人眼，可以利用虹膜内肌肉的舒张和收缩改变瞳孔的大小。照相机的后部是感光胶片，记录穿过透镜进入光线的变化。同样，人眼中，光线穿过玻璃体，最后投射到视网膜上。

视网膜

视觉系统中帮助我们适应黑天和白天的是视网膜，从光到神经反应的转换由锥体细胞和杆体细胞完成。它们都是对光线敏感的细胞，这些光感受器（photoreceptor）在链接外部世界和内部神经系统时，在视觉神经系统中的位置是具有特异性的，他们的功能根据光线强度不同而有明显区别。其中，1.2亿个杆体细胞在近乎黑暗时拥有最佳功能。700万个锥体细胞特别应对明亮而充满色彩的白天。当时为了记忆这些内容还特意发明了一个口诀："杆黑多，锥白少。"[①]

这能很好地解释为什么半夜关灯一开始什么都看不到，但过一会儿视觉感受器官又恢复了。这期间我们经历了暗适应（dark adaptation）过程——从光亮处到光暗处眼睛感受性逐渐提高的过程。暗适应的产生是由于在黑暗中停留一段时间后，杆体细胞比锥体细胞变得更敏感，杆体细胞能够对环境中微弱的光进行反应。

中央凹与视网膜

中央凹（fovea）是视网膜中心一个特殊的区域，这个部位只有锥体细胞，没有杆体细胞。视网膜上的其他细胞能够整合锥体细胞和杆体细胞的信息。中央凹的锥体细胞将神经冲动传导到神经节细胞。此外，在视网膜的边缘，杆体细胞和锥体细胞将神经冲动汇聚到相同的双极细胞和神经节细胞。[②]神经节细胞的轴突形成视神经，视神经把眼睛外面的视

---

① 对应的知识点是，杆体细胞应对黑天，相对更多；锥体细胞应对白天，相对较少。

② 双极细胞（bipolar cell）是一种神经细胞，它整合感受器的神经冲动，并传递到神经节细胞。神经节细胞（ganglion cell）能整合双极细胞的冲动，并汇总成单一的发放频率。

觉信息传递到大脑。

水 平 细 胞（horizontal cell） 和 无 长 突 细 胞（amacrine cell）整合视网膜上的信息。但是它们并不把信息传到大脑，水平细胞把感受器连接起来，无长突细胞则负责双极细胞和神经节细胞的连接。

此外，每一只眼睛的视网膜上都存在视神经离开视网膜的区域，这个区域称为视盘或盲点（blind spot），此处没有感受细胞。但是，只有在非常特殊的条件下你才能感觉看不见，原因是两只眼睛上都有盲点，一只眼睛的感受器可以加工另一只眼睛没有看到的图像，此外大脑也可以从盲点周围区域的感受信息来填充这一区域。在特殊的注视条件下，我们可以发现自己的盲点。比如观察下面两个 X。闭上左眼用右眼观察左边的 X，把书拿起来，前后移动。你会发现另一个 X 不见了。而当另外一个视觉刺激是断裂的横线时，横线会被大脑自动补充。

      X   X

颜色视觉

事实上如果不经过刻意的区别，很难有人会注意到颜色之间的微妙差别，女生比男生更懂口红色号，就是这个道理。不是男生识别颜色的能力差，而是他们没仔细区分过。我们通常用来衡量颜色的维度是色调、饱和度和明亮度。用这三个维度对颜色进行分析时，我们会得出人的视觉能够区分出700 万种不同的颜色的结论。但是，大多数人只能辨认出一小部分颜色。其中，色调（hue）表示对光颜色的定性体验。在只有一种波长的单色光（比如激光束）中，色调的心理体验直接对应于光的波长这一物理维度。饱和度（saturation）描述的是颜色感觉的纯度和鲜艳度。明度（brightness）是对光的强度的描述。白色的明度最大，黑色的明度最小。

颜色视觉理论

鲜红的血液，绿色的草地，蓝色的天空，这三个原始生活中最常见的颜色似乎在视觉中占着更大的比例。而事实上，第一位提出颜色知觉理论的托马斯·扬爵士（Sir Thomas Young）。他认为正常人的眼睛由这三种感应器构成，并且其他的颜色都是由这三种颜色混合得到的。他的理论后来得到赫尔曼·冯·赫尔姆霍兹（Hermann Von Helmholtz）的修正和扩展，最终形成了著名的扬－赫尔姆霍兹三原色理论（trichromatic theory）。

三原色理论对人们的颜色感觉和色盲提供了一种可能的解释。但是，这个理论马上遭到了一些挑战，为什么色盲者不能区分成对的颜色：红和绿，或者蓝和黄？

埃瓦尔德·海林（Ewald Hering）提出的拮抗加工理论（opponent-process theory），完美地回答了这一问题。他提出，所有的视觉体验产生于三个基本系统，每个系统包含两种拮抗的成分：红对绿，蓝对黄，或者黑（没有颜色）对白（所有颜色）。

颜色产生互补色的视觉后像（看红色久了再看空白的地

方会出现绿色残影），是因为系统中的一个成分由于过度刺激而产生了疲劳，因此增加了它的拮抗成分的相对作用。在海林的理论中，色盲的类型成对出现，这也验证了颜色的识别系统实际上是由成对的对立颜色构成的，而不是由某几个独立的颜色构成的。

4.3 听觉 Audition

我们知道，物体振动后带动分子前后有规律地运动，经过空气等介质传播进入耳朵后我们便听到了声音。这种传递以 340 米每秒的速度从介质中扩散，其形式为正弦波。其中两个主要特质是频率（frequency）和振幅（amplitude）。

声音的三个心理维度

我们区别声音主要依靠音色、音响以及音高这三个维度。首先音色（timbre）能帮助我们区分不同声波，例如同样一首歌，东北人和南方人即便都没有跑调，你也能听出差别，同样你的朋友们与你说话你也能区分出来。事实上现实生活中我们听到的大多数声音都是复杂的声波，而不是只有一个频率和振幅的纯音。[1]

音响（loudness）就是声音大小，由振幅决定。通常正常谈话的分贝在 60 左右，响雷和摇滚乐队则能达到 120 分贝，更响的声源则会引起疼痛。值得注意的是，分贝是一种方便计量的单位，每相差 20 分贝，声音的生压比为 10：1。超过 90 分贝就会有损听力，损伤程度取决于听声音的时间，值得注意的是听觉的损伤不可逆，因此我们在日常生活中要时刻注意保护耳朵。

最后是音高（pitch），由频率决定。小时候弹钢琴能培养孩子对于音高的敏感度，听得出旋律中的细微差别。有研究表明"绝对音高者在旋律音高加工时还表现出特定脑区激活的特殊性。"[2]思考一下，体会旋律并产生相应的情感是人特有的能力，那么，学习乐器的孩子是否更聪明呢？

听觉系统

我们最终听到音乐其实经历了四次能量转换，首先是声波在耳蜗中转换成流动波；其次是在基底膜上转化成机械振动；再次是将机械脉冲转化成电信号（还记得第二章提到的生物学基础吧，我们的脑主要依靠细胞间电信号的传递进行运作）；最后电信号进入听皮层。

我来依次讲解，第一阶段，空气分子将振动传递到耳边，

---

① 纯音（Pure tones），实验室中我们用音叉敲出来的声音就是纯音。现实生活中我们听到的声音都是包含很多种频率和振幅组成的混合波。
②《音乐心理学》，蒋存梅，华东师范大学出版社，2015 年 12 月，第 38 页。

在外耳道，在外耳的作用下汇总至鼓膜（eardrum），鼓膜将振动传递给中耳（middle ear），通过锤骨、砧骨和镫骨将振动传递给核心听觉器官耳蜗（cochlea）。第二阶段中，当镫骨振动时，耳蜗中的液体使基底膜（basilar membrane）以波浪的方式运动。紧接着，第三阶段中基底膜的波浪运动使与之相连的毛细胞发生弯曲，随着它们的弯曲，神经末梢被刺激，进而将机械脉冲转化为电信号。最后，电信号通过听觉神经（auditory nerve），传递到大脑的听觉皮层。人们便感受到了声音。

声音定位

如果有人在你左耳边打一个响指，那么你肯定能去区分这个响指来自哪里。在传递信号时，左耳的信号传递要快于右耳，这个时间差便为我们提供了定位生源的依据。而当你闭上眼睛，之后分别在你正前方，正上方，和正后方打响指，你便难以对声源的位置做出判断，因为这个时候进入两个耳朵的声音所花费的时间一样。

4.3 其他感觉

嗅觉（olfaction）

事实上有 8 个物质分子就能诱发一个神经冲动，但我们真正感知到气味至少要接收到 40 个神经末梢的刺激。我们大脑额叶下方的嗅球（olfactory bulb）是专门接受鼻腔中嗅觉感受细胞传递刺激的组织。同时我们闻到的气味会与对应的记忆产生联系，《无限可能：唤醒你的学习脑》这本书的作者吉姆·奎克介绍，你可以复习某一门学科的时候喷特定的香水，同时在考试的时候也用这个香水，对唤醒自己的学习内容有显著帮助。我自己也适用了这个方法一学期，有效是真的有效，但我想提醒读者们不要喷太多，不然会让周围人感到不适。

味觉（gustation）

味觉通常并不独立工作，当我们品尝美食时，嗅觉和味觉都将一同起作用。你可以试着捏着鼻子品尝质感相同的食物，例如土豆和苹果，你会发现味道没那么大区别。我们舌头上有四种味道的受体，酸甜苦咸，其中甜和咸在舌前部，甜在舌尖，咸分布在两侧，酸在整个舌头的两侧，苦在舌根。此外，我们在小时候经常吃的东西，也会形成一种强烈的味觉记忆，即所谓的家乡的味道，我本人就无法忘记家乡烧烤的味道。而麦当劳、肯德基里之所以设置儿童乐园，也是希望吸引孩子们去多吃，并从小就记住这些味道。你看，心理学在商业里的应用比我们想象得还广。

值得区分的是，辣椒的感觉并不是味蕾感觉，而是辣椒里包含的物质带来的灼热感带来的。

肤觉

我们的皮肤作为身体上最大的器官，上面布满了感受压力和温度的神经末梢，这些感觉也被称之为肤觉（cutaneous

senses）。其中，对于压力的敏感程度在身体各个部位差异非常大，蚊子落在手指上我们有时立刻就感觉到了，若蚊子落在后背，我们只有在蚊子吸完血之后才能察觉。同时温度的冷热感是相对的，左手放入冷水后再放入温水，便会觉得温水温度偏高。同时，触觉也是唤起性冲动的感觉。

痛觉

"没有痛觉的人，可能会吃掉自己。"当你不小心打翻开水烫到自己时，其实也应感恩自己有痛觉。没有痛觉的人的肢体有可能会因为持续受伤而导致变形。大脑释放的内啡肽会影响我们的痛觉体验。除了我们接受的物理刺激会影响我们疼痛的感觉以外，我们对情景的理解也会影响我们的痛感。比如决定增肌的人，往往更能忍受肌肉的酸痛感。

写在最后：

实验心理学的发展，离不开人们对感觉的探索。事实上这些实验方法，为心理学在其他领域的探索也做出了贡献。例如，当行为经济学家对某种赌局价值进行判断时也会采用类似绝对阈限的衡量方法。例如在面对一定获得 x 元钱和 50% 概率获得 100 元的时候。实验人员让受试者面对 x=10，20，30，40，50，60 元等局面，比如当 x=10，20，30 元的时候被试者都选择 50% 概率获得 100 元，而当 x=40，50，60 元的时候被试者都选择 x，则说明被试者对于 50% 概率获得 100 元这个选项在心中等价于 30 到 40 元之间的某个确定值，此后，还可以重复这个办法对实验进行细分，得到更精确的数值。这便是著名的期望理论的权重函数曲线，其实验结果对投资和风险决策都有着重大的启发意义。

由此可见，心理学即便学的是最基础的知识，甚至看起来有些无聊，但其核心的规律，追求真理的原则，在各个领域都能发光发热。

5. 知觉

我们的大脑正是整合、加工我们所接收到的所有感觉后，才产生了知觉（perception）。我们的感受器每时每刻传递几百万个信号，如果不把它们统一起来处理的话，我们的世界会像一团糨糊。你可以对比计算机，我们在打代码的时候输入的都是一些符号，而计算机工作的时候会把对应的代码转化为页面或程序，而我们人脑也会将生活中遇到的各种刺激整合、加工，转化为我们的知觉。

再比如，我在打字过程中空调在响，外面有工人在施工，这些信息都涌进我的大脑，而我为了确保工作顺利完成，只需要注意眼前的电脑。注意的过程，便是在我能感觉到的所有感觉中，将意识指向特定的某一部分感觉，这需要大脑减少对一部分相关信息的注意来获得。这一章我会从注意开始，依次讲解感知方位（localization），识别（recognition），以及知觉恒常性（perceptual constancy），和各种错觉（illusion）。

5.1 注意

选择注意

当你面对手持机枪的歹徒时，你很难把注意力从机枪上移开。研究表明，这个时候人更关注犯罪分子使用的武器长什么样子。这便是选择注意（selective attention），有一种解释认为婴儿之所以学语言比成人快，在于婴儿对语言的分析投入了更多的注意力，因为他们如果不学会，便没法展开互动和社交，所以他们对于听到的声音，以及身边人用语言互动后产生了什么结果格外注意。相比之下，我们在学习新语言时脑中可能还在思考晚上吃什么。像这个脑内产生的想法，而忽略眼前单词的过程也是选择注意的例子。

在上课过程中，教授曾带我们一起观看了有大约七个人相互扔球的视频，我们被要求数出到底球被传递了几次。然而当我们都专心地观察球的时候，我们都没有注意到在这个过程中人群中穿过了一头熊（人假扮的）。同样，当我们在舞会上关注自己心仪的对象时，也不会注意到旁边的朋友打翻了饮料，弄湿了自己的衣服。

听觉注意力

想象一下你在人声鼎沸的活动现场，周围的人都在聊天，而你突然听到了自己的名字，这时你会开始有意识地左右观察，看是谁在叫你。如果对方以相同音量叫另外一个人，你可能根本不会注意到。事实上听觉也有选择注意力。如果你的报告听众是一群阿姨，那么你在做报告的时候讲量子力学，就远不如讲如何快速学习广场舞更能引起她们的注意。在聊天和报告中，出色的谈话者和演讲者都知道听觉的选择性注意这一原理，他们会尽量避开谈论那些令听众忽略的信息，而谈论那些会令听众引起注意的话题，比如，"你为什么叫这个名字"。

5.2 感知方位

分离对象（Separation of objects）

在观察鲁宾杯的时候（两边轮廓与人脸轮廓相同）我们不仅能看到两个对立的人脸，还能看到中间的杯子。当我们以杯子为背景的时候，我们观察到的便是两个人脸，而当我们以人脸为背景的时候，我们观察到的就是杯子。我们知觉过程的首要任务之一就是确定哪个是我们要识别的图形，以及哪个是背景。

此外，我们也会不自觉地将看到的一组对象在大脑中组织起来，例如看到下页图像时：

。X 。X 。X 。X

。X 。X 。X 。X

。X 。X 。X 。X

。X 。X 。X 。X

我们会将相似的元素"。"和"。"联系在一起，看起来更像是 8 条竖着的线段，而不是 4 条横着的线段。这便是格式塔心理学①所主张的，心理现象只有被有组织地整理，才能被人理解，而人们都有这种倾向。

距离感知

当我们面对三维空间中的物体时，我们便依靠双眼接受的不同图像来感知物体与我们的距离。

为了让你感受两眼图像的不同，你可以先闭上左眼，同时通过右手的食指瞄准远处的一个物体，使眼睛、手、远处的物体保持一条直线，然后换左眼单独观察，你会发现一个稍有不同的图像。而我们判别物体的远近便是依靠大脑对两个不同图像的合成而感知。例如观察"x""0"两个符号时：

---

① 格式塔心理学（Gestalt psychology）中研究知觉组织原则的心理学家有库尔特·考夫卡（Kurt Koffka）（1935）、沃尔夫冈·苛勒（Wolfgang Kohler）（1974）和马克斯·惠特海默（Max Wertheimer）（1923）。除了本文列举的相似律，还有接近律（更接近的对象视整体），连续律（即使被中断也认为是连续的，例如羊肉串的竹签我们都知道是存在的），闭合律（人们倾向于填补小缝隙而使客体知觉为一个整体，例如写"0"的时候因为笔断油，有些地方没有墨水，但我们依然能识别这是个"0"）。

情况一：x 与 0 距离较远

　　　　x

　　　　　0

【观察者所在位置】

左眼观察到的图像为：【x　　0】，而右眼所见则为【x0】

情况二：x 与 0 距离较近

　　　　x

　　　　　0

【观察者所在位置】

左眼观察到的图像为：【x0】，而右眼同样为【x0】

这时我们可以看到，两只眼睛观察到图像在水平方向上的偏移程度，被称为视网膜像差（retinal disparity），为我们定位客体的相对距离提供了深度线索。其中对双眼接受到的不同信息进行比较，被称为双眼深度线索（binocular depth cue）。

而当只有一只眼睛进行观察时，我们便通过相对大小来判断物体的远近。例如你的朋友走在餐厅的里面，对比你周围的人来说他更小，那么你即便用一只眼睛，也能识别出对方离你更远。我们看到的某些平面画具有三维的特点，也是利用了类似的原理，这里我们称用一只眼可以获得的深度信息为单眼深度线索（monocular depth cue）。

感知运动

当我们开车驶向学校或者某个地方时，远处的参照物会逐渐变大，而这个变大的速度便是我们用来感知自己运动速度的依据。如果我们在太空中，看到的星辰大小、位置都没有变化时，我们很难感觉到自己到底有多快。事实上运动的本质就是相对于参考点或参考系而言。

还记得我们提到的视野中消失的"X"的例子吗？我们的大脑会自动合成周边信息而对缺失的部分进行补充。我们的运动感知也是如此，当视野内出现两个不同位置的光点交替闪烁时，我们会觉得是一个光点在两个位置之间来回移动。有趣的是，即便第一个点到第二个点运动的理论路径有很多种，人类观察时也往往只能看到最简单的路径，即一条直线。

5.3 识别

我们的知觉过程不仅要回答物体在哪里，做什么运动，还要识别物体是什么的问题。我曾在小时候的爬山过程中错误地把一个木桩看作黑熊，当时甚至已经准备倒下装死了。一方面是上山的时候村民就说这里有野生熊，另一方面我们人类的识别系统在进化过程中，就有把模棱两可的事物识别为更危险的事物的倾向。

局部与整体

一个西装革履的人如果出现在公交车上，我们更容易觉得他是一个卖保险的，而如果他出现在高端的酒店里，我们可能会认为他是某企业高管。我们感知事物的方式往往都是利用周围所处的情景来判断的。

错觉联结（illusion conjunction）

当我们识别一个蓝色的长方形，绿色的三角形和红色的圆形时，我们都有能力说出每个形状对应哪些颜色。但事实上在实验中被试者总是报错信息。例如他们会回答红色的三角形。事实上颜色和形状这两个特征是识别过程中所需要的，然而这是一种错觉。我们还会对信息和位置的原始特征进行混淆，电影《夏洛特烦恼》，就容易被我们理解为"夏洛特"这个人烦恼，而不是"夏洛"特别烦恼。当同时看到传递"delivery"和破烂"pool"两个单词放在一起时，我们也容易识别成利物浦大学"Liverpool"。

自上而下与自下而上加工

自上而下加工（top-down processing），亦称"概念驱动加工"。指个体在对作用于感官的刺激物进行知觉时，能直接从被加工材料的整体开始进行觉察。例如，我们意识里有小狗的概念，所以识别出小狗，不是先观察它的鼻子、眼睛等器官最后对他进行一个认定，而是整体上认识到这是一条狗，最后才观察细节。通常自上而下需要练习，比如博士生能从数据结果中直接看到三层叠加的关系，而大学生可能要费劲地先看看图标都是什么意思。知识和概念的掌握程度、对事物的关注程度都会影响知觉的过程。

自下而上加工（bottom-up processing），亦称"数据驱动加工"，指个体在对作用于感官的刺激物进行知觉时，由外部刺激开始的加工方式。例如象棋新手只能用这个加工方式分析自己的战况，而象棋大师则可以自上而下地通过观察类似"高吊马"等模式来分析。自下而上先分析较小的知觉元素，随后再总结对感觉刺激的解释。

几何离子理论

比德曼（Biederman）认为所有复杂的形状都是由多个几何离子（geon）组成。比如，一个杯子就是由两个几何离子组成：一个圆柱体（容器部分）和一个椭圆形（手柄部分）。其理论认为各种基本几何图形相互拼凑组成，而三个几何离子所组成的形式组合就可以高达 10 亿多个三离子体。

5.4 知觉恒常性

我们试着把自己的手机放在桌子上，抑或是更远的地方，即便是视网膜上的刺激大小已经有明显的区别，我们仍然会知道手机的大小没有发生变化。这便是我们的知觉常恒性（perceptual constancy）。我们会默认自己所看到的世界是恒定的，稳定的。

形状恒常性

所谓形状恒常性（shape constancy），指当识别目标在倾斜的情况下，即便是在视网膜的成像与实际目标本身的形状不同时，我们也能正确地感知目标的形状。例如，打开的门。

大小恒常性

我们知道自己感觉物体的大小依靠物体最终在视网膜成像的大小，这依赖于物体实际的大小，以及它和眼睛之间的距离。但是，我们在判断物体大小时，也不单单依照感觉，我们会基于经验把视网膜上的映像知觉为大小恒定不变的。比如，即使我们同时看近处的小孩和远处小孩的爸爸，尽管视网膜上小孩的图像更大，我们仍然能判断大人比小孩更高一些。

亮度恒常性

当我们看到阳光穿过窗户，落在砖墙上时，某些砖块上没有窗户的阴影，而展现出正常的亮红色，而我们也不会将被窗户框阴影遮挡住的砖块视为暗红色。再比如，当我们分别把白纸和黑纸，一半放在阳光下一半放在阴影下，我们看到两张纸的亮度都发生了变化，但依然对两张纸的知觉保持一致。人们在不同的照明情况下，有将物体的光亮程度知觉为恒定的倾向，这便是亮度恒常性（lightness constancy）。

颜色恒常性

颜色恒常性指我们对物体颜色的判断不会根据环境的变化而变化。例如，即便在白天看和黑天观察香蕉，反射到我们眼中的光谱组成并不相同，但我们也依然把它知觉成黄色的。

5.5 错觉

《错觉心理学》的作者博·洛托在书中开篇就介绍道：

当你睁开眼睛时，你看到的是世界的本来面目吗？我们能看到现实吗？几千年来，人类一直在探索这个问题。从《理想国》中柏拉图洞穴墙壁上的阴影，到《黑客帝国》中墨菲斯向尼奥提供的红色药片和蓝色药片，"我们看到的事物也许并不真实"的想法一直在困扰和挑战我们。18世纪的哲学家伊曼纽尔·康德认为，我们永远无法接触到"自在之物"，即未经过滤的客观现实。历史上的伟大思想家一遍又一遍地研究这个令人困惑的问题，他们都提出了自己的理论。现在，神经科学给出了答案——我们无法看到现实！

通过第四章和第五章的学习你一定也明白，我们通过身体上的各个感受器来接受来自世界的信息，为了适应环境，我们的大脑进化出了特殊的处理信息的方式，比如选择注意力、利用双眼识别距离等，然而这些在保证我们生存需求的同时，却让我们没有办法像机器人一样绝对客观地记录世界。在这其中，错觉便是最好的例子。这里，我选择了三个最经典的例子。

黑蓝与金白裙之争

我觉得你一看标题就知道我说的是哪件事。2015年网站上一张裙子的照片引起全球的轰动。原来是苏格兰的一场婚礼上，新娘收到了自己结婚时打算穿的蓝黑色裙子的照片，但发送照片的人（新娘的母亲）和接收照片的人发生了争执，一个人认为是黑蓝色，另一个人认为是金白色。他们又把这个照片发给了他们的朋友，又引发了朋友之间的争执！为此，甚至差点耽误了婚礼。

这也是公众对"感觉主观性"这一话题最关注的一次。《华盛顿邮报》甚至还发表文章《导致地球分裂的"白裙子蓝裙子"事件内幕》。

而真相是，浅色的背景容易使识别目标的颜色看上去更浅（金白色），而深色背景容易使颜色看上去更深（蓝黑色）。同时脑处理色彩的习惯也会对其认知造成影响，习惯明亮的人更容易把裙子识别成金白色，而习惯暗光的人更容易把裙子识别为蓝黑色。

艾姆斯房间错觉

在艾姆斯房间错觉中，在被精心设计的房间里，我们能看到小孩和大人一样高，而当大人和小孩交换位置之后，我们发现大人比小孩高出许多。真实的房间里一个墙角相聚观察点更远，而房间的设计者使被试者在用单眼观察时并不能察觉到这一设计。

缪勒 - 莱尔错觉

> --- <　　< --- >

观察上面两个图形，即便中间线段长度一样，但人们也会觉得左边的线段更长一点。该错觉就是著名的缪勒﹣莱尔错觉，由弗朗茨·缪勒﹣莱尔在 1889 年提出，1966 年理查德·格雷戈对其进行了解释，认为人们将标准箭头体验为建筑物向他们突出的外角；人们将开放箭头体验为远离他们的内角。因为大小和距离之间的相互关系，人们将看起来像内角的箭头体验为正在远离他们。

为什么产生错觉？

关于错觉的解释，主要有两种。首先是恒常性误用理论，即便物体离我们更远，我们也不会觉得它的大小有所改变，这虽然与生理感觉相违背，但却能更好地反映现实情况，但当其被误用时，便会出现幻觉。例如我们无论清晨还是正午看太阳，太阳在我们视网膜上的成像大小都是相同的，只不过在清晨时，我们还会受到远处房屋、树木的影响，因此不知不觉地将对太阳的大小感知也放大了。但当我们通过纸筒排除周围事物进行观察时，就会发现太阳的大小其实一样大。同理，用照相机拍出来的太阳也没有我们看到的那么大。此外，另一种解释是周围抑制论，该理论认为错觉主要是因为物体各个部分的反光程度有差别，从而使视网膜上的视觉细胞相互抑制。有些部分光线亮，光波能充分地反射到视网膜上，会有倾向感知白色；同理，暗的地方由于不充分的反射，则有灰色感知的趋势。

写在最后：

认识到自己认识世界的过程，无疑是一个一边探索一边质疑自己的过程，因此我们才意识到，有时候我们眼见的也不一定为实，耳听的也不一定为真，因为信息加工而导致的认知偏差也是有可能存在的。

对于自我错觉的认知，让我们在面对客观世界时不得不更加谦虚，更加谨慎。回到之前检验的观点上，在证明一件事时，我们只能先大胆地假设，再小心求证。因为我们自己知道，我们很可能根本就不知道，我们的主观感受往往存在偏差。

6. 意识

"一个人只能直接活在自己的意识之中。"

—— 叔本华 《人生的智慧》

意识，指个体觉醒时的心理状态，即我们的思考、想象、情绪、记忆等活动。意识一方面反映了我们对周围事物的觉察，另一方面也反映了我们对自己的觉察。从 19 世纪开始，科学心理学发展早期，威廉詹姆斯便指出，心理学是研究心理活动的科学。而这里的心理活动指的就是意识活动。最早我们通过内观法来探索自己的意识，后来随着科技的发展我们能从与意识相关的神经来图解意识。

这一章的内容我们将会从基本概念开始，逐步了解睡眠与梦境、冥想，以及催眠。

6.1 非意识、前意识、潜意识

非意识（nonconscious）主要指躯体的活动，例如我们体内的血糖平衡调节，这些都不会进入我们的意识，即脑袋里不会冒出"我现在需要分泌胰岛素"等想法。前意识（preconscious）指我们的记忆中储存着的大量信息，例如会骑自行车的人即便平时脑中不会对自行车的使用产生联想，但当坐上自行车时便会调动这部分知识。潜意识（unconscious），指那些未被我们意识觉察但依然影响我们行为的部分。当我们无法用意识解释我们的行为时，便没办法忽略潜意识的存在。

6.2 睡眠与做梦

以前对于睡眠和梦的研究只能通过精神分析来暴力解读（凭直觉强行分析），而随着脑电仪器的使用，我们对睡眠时期脑的活动有了更深入的了解。

睡眠的阶段

当你躺在床上，开始放松，脑波便开始减缓到 8 ～

12cps。睡着之后，便开始进入睡眠阶段 1，脑波是 3 ～ 7cps。在阶段 2，脑波的特点是睡眠纺锤波，即 12 ～ 16cps 的猝发活动。在紧接着的阶段 3 和阶段 4，你会进入很深的放松睡眠阶段，这时心率也降低下来。最后阶段，脑电波活动增加，开始经历快速眼动睡眠，并开始做梦。之后这个周期便会循环往复，其周期大约为 1.5 小时。其中非快速眼动睡眠承担保存和恢复工作，节约能量，补充体力。快速眼动睡眠主要对学习和记忆发挥作用。因此，科学的备考方式是在考试前的晚上睡 1.5 小时的整倍数。

睡眠障碍：

失眠症（insomnia），用来描述那些不满意他们的睡眠质量和时长的人。长期失眠的人难以入睡，有经常醒来或过早醒来等症状。

发作性睡眠症（narcolepsy），他们睡觉时一般能快速进入快速眼动睡眠，有时候他们会出现猝倒症，即突然失去对肌肉的控制而倒下的情况。

梦魇（nightmare），指当一个梦让自己感到无法控制，而受到惊吓的情况。

梦游症（somnambulism），处于睡眠状态的人，离开床而四处游走。

睡眠窒息（sleep apnea），是一种在睡眠时突然停止呼吸的睡眠障碍。疾病发作时，血氧水平下降，导致应激激素分泌，最终导致被迫清醒。

如何获得好的睡眠？

1. 睡前冷水澡，并远离手机等设备。

2. 不在床上做除了睡觉以外的事。

3. 白天努力工作，并完成当日的工作，减少睡觉时的负罪感。

4. 白天多晒太阳，多运动，多喝水。

5. 在床上长时间睡不着时，下床散步，散到自己有困意为止，若还出现失眠则重复。

6. 冥想，让脑子静下来。

梦

弗洛伊德认为梦都是对欲望的满足，梦是潜意识里的欲望与意识沟通的过程。其理论总是解释过去，试图在儿童时期的经历上找到被压抑的欲望。其他学者认为，梦是对过去记忆的随机组合。在激活－整合模型视角下，脑干发出的神经信号，刺激额叶和相关皮层才导致了梦的产生。而近代的脑成像研究发现，在快速眼动睡眠过程中，海马体表现活跃，而杏仁核也在此时活跃，它们都是负责特定记忆和情绪记忆的区域，这些结果将梦指向过去的经验与目标。

6.3 冥想

冥想源于古印度，是一种修行方式，传说佛陀释迦牟尼在菩提树下打坐沉思，最终觉醒和开悟的那个过程，就是冥想。在今天，与冥想相关的应用软件、培训班越来越受欢迎。其实对于任何一个人来说，都能自己掌握一些基本的冥想技巧。

冥想是什么？

在安静不受打扰的空间里，静坐并闭目养神，调整呼吸，以观察者身份不加评判地关注当下自己的状态和想法。

冥想的方法

1. 让身体挺直，并开始让自己觉知当下。试着问自己，我现在的身体姿势如何？我能感觉到我各个身体部位的状态吗？我的情绪是什么样的？

2. 微微闭上双眼，让呼吸慢下来。逐渐深入自己当下的体验，你的脑海中是否涌现出什么念头？自己是否能控制它们？

3. 现在集中自己的所有知觉，并将注意力放在呼吸上。这时专注于呼吸为你带来的感觉，包括腹部的收缩与舒展。

4. 拓展自己对于呼吸的知觉，从心中觉察自己的整体样貌。当下的感觉聚在这里，不管好与坏，它都在这里，让自己尽情地感受就好。

冥想的好处

在利用现代仪器对正在冥想的实验者扫描时，我们会发现额叶皮层、海马体、杏仁核等区域会产生信号强度变化。

简言之，冥想能对我们的生理结构带来积极的改变，一些长期冥想者的大脑中能检测到显著的变化。我们知道大脑像肌肉一样需要经过锻炼才能变得强壮，而冥想则是主动锻炼大脑中负责观察自我的部分（目前普遍认为和内侧前额叶皮质有关）。而这一部分的强化有助于我们提高自身情绪的觉察能力和控制能力，一个最显著的好处就是能有效预防和治愈抑郁症。

其次，冥想还可以增强同理心，让大脑放松、改善睡眠、缓解焦虑、也有部分研究证明可以增加记忆力和减缓大脑衰老等功能。

6.4 催眠

催眠是指有人在刻意的暗示或诱导下，引起类似睡眠而非睡眠的意识恍惚状态。由这一技术延伸的催眠疗法专注于在患者进入催眠状态后，用积极的暗示治愈患者的躯体疾病或精神疾病。其中个体出现容易接受暗示、肌肉僵直、出现幻觉，明显的生理变化等症状时证明个体处于被催眠状态。其中，催眠的深度和效果受个体的催眠感受性以及催眠师适用的技巧而有所不同。

催眠发展简史

催眠起源于 2500 多年前的巫术盛行时期，当时的技术完全属于迷信，人们在古埃及庙中发现一种半睡半醒状态下的祈祷壁画。在 1780 年左右，梅斯迈试图用科学的方式发展催眠，他也是世界上最出名的催眠师之一，他认为生物都有磁性，因此人的神经错乱就是磁流乱了，而他能通过调整磁流，来使人痊愈。但这期间催眠一度遭到学术界批评，认为大部分理论没办法验证。随着 1890 年左右弗洛伊德理论的出现，整个催眠理论体系被人们抛弃、遗忘。直到二战结束之后，一部分从战场上回来的人有心理咨询需求，催眠又再度兴盛起来，同时也在这个时候逐渐规范化、系统化。直到 1985 年，催眠才被世界各国的专业学会认可，并逐渐应用于临床。

催眠大师艾瑞克森与他的传奇故事

我们可以不知道艾瑞克森的理论具体都讲了什么，但有必要了解一下这位大师的经历，事实上我总能从他的经历中获得鼓舞，就如同爱因斯坦在叔本华那里获得鼓舞一样。[①]

艾瑞克森在 17 岁时，不幸患上了小儿麻痹，全身瘫痪，全身上下只有眼睛可以活动。医生一致认为艾瑞克森活不到明天早上太阳升起。但艾瑞克森不信邪，他听后不想让医生

---

① 出自爱因斯坦的自传《我的世界观》，其中影响爱因斯坦的原话是"人能做其所愿，但不能愿其所愿。"

的"催眠"得逞。他通过眼球转动让妈妈发现自己还有一丝意识，并把床放到第二天早上能晒到太阳的地方。第二天医生到来的时候，被打了脸，艾瑞克森仍然活着。但医生依然没有抱太大希望，并表示即便存活了，也必定全身瘫痪。而艾瑞克森依旧没有让医生的"催眠"得逞，他在三年后不仅站起来了，还自己独自划独木舟畅游密西西比河。[①]

这些奇迹的原因都在于艾瑞克森对医生给出的暗示的挑战，以及在内心深处对自己想要站起来这一想法的探索，并通过不断与潜意识对话，最终找到答案。他在 70 岁的时候经历了严重的脊髓灰质炎复发，每天早上起床都痛苦不堪，但他依然乐观地面对，并在 78 岁时安详地离开。其妻子说，这已经比他自己预计的超出太多，就连走的前一周，他依然乐观地面对生活。

试想一下，我们何尝不是无时无刻生活在他人的暗示之中？或家长的一句"女生就是不如男生"，或他人的一句"你就是个废柴"，甚至是我们自己内心深处的一句"我这一辈子就这样了"。我们中有部分幸运的人敏锐地察觉到这些暗示，并开始做出积极回应，而有一部分人则接受了这一"命运"。艾瑞克森面对死亡时没有退缩，通过暗示与催眠，最终让自己的生命力逐步舒展，并创造奇迹。或许，我们都应该警惕自己或他人的暗示，因为这些可能成为我们的未来，而如何应对这些暗示，选择权在我们自己手上。

①《疼痛铸就的催眠大师》，武志红的心理学课，2017 年 12 月 18 日。

自我催眠 —— 与潜意识对话

"当意识给不出答案时，不妨向潜意识寻找答案。"

—— 艾瑞克森

试着放空头脑、身体，感受自己在一片空白的世界上，"我"这一存在是如此真实，当我面临问题时，而最内在的"我"，我的潜意识总会发出一个声音，这个声音往往就是答案。

在艾瑞克森寻找让自己站起来的方法时，一幅他小时候摘苹果的画面反复映入他的意识，而这便是潜意识给出的答案。当他不断体会意识中自己摘苹果这一过程时，渐渐地开始牵动肌肉使其恢复了一定的行动能力，脑中画面的动作最终被艾瑞克森完成，而他的痊愈，也正是在此刻开始。

现在的我几乎可以以任何一种我能想象到的方式进行身心的展开，无论是大学期间尝试创业，还是参加脱口秀比赛，或创立社团。而在上初中时，我曾有过一度怀疑自己并封闭自己的至暗时刻，那时候的我所在的班级是我们整个市最好的班级，所有人都很优秀，而我从入学开始便稳居倒数五名，那个时候我的身高还是班里最矮的，每次课间操都是站在第一排。那段时期我总是会做被恶人或某种怪物追逐、而我匆忙逃跑的梦。那时我被强烈暗示"我不属于自己所在的环境"，这也导致我上学迟到，经常不写作业。

好在当时我遇到了人生中的贵人 —— 郝春霞老师，她总在班上说："只要你想改变，什么时候都不晚。"她总是包容我的错误，并鼓励我不断尝试，因此我也十分愿意听她的话。

最终，她的这份积极的暗示打败了我内心中的消极暗示，并渐渐改变了对自己的看法。使我变得自信，专注于自己能学到的事情。从某种程度上讲，正是她的出现帮助我完成了自我催眠，并开始真正意义上做一些有意义的事。当初的"至暗时刻"成了我最好的养料。

这些都是在我身上真实发生的体验和感受，而对其过程的回望和理解也是在后来了解到艾瑞克森的理论和故事后进行的解读。精神分析也好，催眠也好，对于我来说更像是一门艺术，让人能变得更幸福的艺术。

以上便是我个人对自我探索的经历和体会，在这里分享给你，希望能对你有所启发。

写在最后：

"未经觉察的意识，就会成为我们的未来。"

"当我们觉察到潜意识的时候，改变就已经开始发生。"

影响我们一生的，更多是我们自己。你从内心深入如何看待自己，很大程度上影响了你的行为和做事态度。而改变的秘诀，也藏在对自己的觉察当中。在我看来这个过程并不难，只需闭上眼睛并聆听自己内在的声音，最终冒出来的形象和语言，往往就是我们想要的答案。

　　我个人认为世界离不开物理学和数学，而人离不开心理学。心理学家对于意识的研究，如同物理学家持续探索世界的原则一样，这两个学科分别从绝对主观和绝对客观上探索我们能觉察到的自己和世界。对我来说，这两门学科都令人痴迷。

7. 学习与条件作用

在上学习理论这门课时，我们第一个要掌握的概念就是什么是学习。学习是指基于经验而使行为或行为潜能发生相对一致变化的过程。

首先，学习只有通过经验才能发生，我们无时无刻不在接受环境带给我们的信息，而我们也通过这些信息做出反应来影响环境。回顾第三章的内容我们不难发现，有些行为上的变化需要一些功能成熟以后才能产生。

其次是行为和行为潜能，我的初中英语老师对我两次都拿40分的成绩的评价最能体现，第一次我是纯粹蒙的40分，而第二次我是凭实力答对了40分的题，虽然结果看似相同，但我本身的状态却在学习过程中发生了变化。这个时候我获得的便是行为改变的潜能。

再次，相对一致化，表示个体的整体出现了变化。继续上面的例子，当我在20分水平时，我依然有得40分的可能，但多考几次，我的平均分还会落回 20 分；而当我学习改变后将自己提升至 40 分的水平，我的成绩便开始在 40 分左右波动。一旦学到的东西，便会一直存在，并影响行为。这里值得注意的是，一致并不等于永久，正在准备高考的人能更快速地答题，考后答题水平可能会出现下滑，而如果是曾经的高考状元，那么再次开始准备高考也会变得更加容易。

在知道什么是心理学科的学习后，这一章会分别介绍行为主义、经典条件作用、操作性条件作用以及认知与学习的关系。

7.1 行为主义

作为心理学的一大分支，行为主义通过外在刺激研究人的行为。在行为主义看来，上一章我们所谈论的意识是根本不存在的，是一个幻象，因为它看不见，也摸不到，没有办法进行客观研究。而我们日常生活中的行为，这些看得见，可以被量化的东西才是研究人心理的唯一准则。

换句话来说，行为主义把人当成一台机器，强调行为模式和日常习惯。最早建立行为主义学派的学者是约翰·华生（John Watson），他反对内省法并强调心理学的首要目的应该是预测我们的行为和掌控行为。随后斯金纳（B.F. Skinner）继承并拓展了华生的理论，并提出了激进行为主义的观点，认为人们的思想和想象不能产生行为，他们是由环境刺激而引起的行为，理解一个人的行为不需要考虑内部的心理活动，只要能够理解奖赏与行为之间的关系原理就足够了。

环境刺激究竟如何影响我们的行为？接下来我将从两个最简单的学习模式入手为你讲解，它们分别是经典条件作用、操作性条件作用。

7.2 经典条件作用

我们在应对环境时，本身就有一些能被自动诱发的反应，看到恐怖的电影会心跳加快，闻到恶心的气味会忍不住想逃离。而当某两个刺激物彼此之间有所联系时，即某个不能诱发身体反应的刺激，预测了另外一个能诱发身体反应的刺激，我们就是利用经典条件作用在学习。

巴甫洛夫和他的狗

第一个经典条件作用的研究，是由俄国生理学家伊万·巴甫洛夫（Ivan Pavlov）完成的。他在研究狗的消化功能时意外发现，当铃铛响起时，狗就开始分泌胃酸，而不是等到将肉放到狗嘴里之后。事实上他原本想研究的是狗的消化功能。

由于当时这一领域从未有人涉足，所以很多人并没有对此感到太大的兴趣，比如当时的生物学家谢林顿认为这种所谓的"学习现象"研究是十分愚蠢的。而具有科学探索精神的巴甫洛夫并没有理会其他科学家的嘲笑，而是果断放弃了自己最初的研究，转而研究影响经典条件作用的各种变量。在好奇心的驱使下，实验进行得极其顺利，并首次清晰地向人们诠释了两种刺激之间相互联结的种种原理，最后巴甫洛夫也因此获得了 1904 年的诺贝尔生理学和医学奖。

时至今日，巴甫洛夫的发现已是众人皆知，其对科学的那份好奇和追求即便是在今天仍然值得我们学习。研究新现象常常面临着付出很多却没有收获的可能，但正是因为有一群人，他们并不在乎世俗和功利，而对未知充满好奇，对知识充满敬畏，最后才推动了各领域学科的进步。

条件作用以及应用

条件作用是如何产生的呢？

首先要理解两个概念，无条件刺激（UCS），和无条件反应（UCR）。它们两个成对出现，例如巴甫洛夫的实验中，食物和由食物诱发的激素分泌，就是一对无条件刺激和无条件反应。他们之间存在反射关系，即有机体通过对相关特定刺激做出反应，这些反应通常都是与生俱来的，例如瞳孔收缩、膝跳反射或眨眼睛。

在条件作用之前，无条件刺激可以诱发无条件反应，这时的条件刺激不能诱发任何反应，就是晃动铃铛或灯光，狗也不会分泌唾液。在条件作用期间，我们可以在每个条件刺激后进行无条件刺激，经过反复，便不断强化了条件刺激和无条件反应之间的联系。最后在条件作用之后，我们不需要无条件刺激（食物），就可以通过条件刺激诱发狗做出同样的反应，这个反应被称之为条件反应。

这也能解释我们为什么面对屎形状的奶糖时，即便知道那是奶糖，也不愿意品尝。因为我们已经将屎这一形状在心中产生了联结。被蛇咬后对绳子的恐惧也是如此，我们的条件反射不是通过脑内的意识而形成的，因此很难通过理性的意识分析来消除。这也能解释为什么汽车展览时会有美女车模，为的就是让人们将美女所带来的兴奋感与汽车联系在一起。

上一章对于提高睡眠质量的建议中，有一条是：只在床上做睡觉这一件事，其核心原理也是条件作用。当我们在床上打游戏的时候，大脑就会把打游戏的兴奋和床联系在一起。最后顺便一提，当时上课我们老师为了引起我们听课的兴趣，为我们讲述了为什么和男朋友出门，不能带自己的闺密，搞得我们哄堂大笑，这其中也蕴含着条件作用的原理，你能试着回答为什么吗？

条件作用的其他变量

首先是习得（acquisition），即随着条件刺激物的反复，通过不断将条件刺激和非条件刺激相匹配，使得条件刺激能够引起条件反应。其次是消退（extinction），当条件刺激不紧跟着非条件刺激时，时间久了便不再会引起条件反应。这一现象证明条件作用不是永远存在的，当刺激撤销后再单独呈现条件刺激时，条件反应也会以一种相比之前更弱的形式出现，这一现象被称之自发恢复（spontaneous recovery）。当配对又出现时，我们的条件反应就会恢复过来，这表明消退不是完全的忘记，之前的学习还在。

同时，与条件刺激相同的刺激很可能引起泛化（stimulus generalization），被大狗咬过的孩子容易对小狗也产生恐惧。

7.3 操作性条件作用

俗话说，"吃一堑，长一智"，我们不仅能通过条件作用学习，也能通过行为最终导致的结果学习，这就是操作性条件作用。在我们刚入学时玩的破冰小游戏——海龟汤（一种破冰游戏，主持游戏的人给出故事的开头和结尾，然后由其他人向主持人提问题，主持人只回答"是"或"不是"，以此来还原故事。我们当时的故事是，女孩参加亲人葬礼，随后女孩的姐姐过几天也死了，请问为什么？其原因是第一次葬礼上女孩遇见了令自己心动的男生，为了再一次见到对方故意制造第二场葬礼。这个做法肯定是不对的，故事也是为了游戏效果才这样设计，但其中为了得到相同的"奖励"而重复一件事，这其中的逻辑符合条件作用。）中，为了再次见到心动男生而杀害自己姐姐的故事，也是因为操作性条件作用。

在俄国科学家聚焦于狗的时候，美国科学家桑代克在观察自己的猫如何逃脱牢笼。在笼子中，小猫必须触碰到某些特定的机关才能得到相应的奖励，而研究发现小猫会从经验中学习，行为被不断强化。

任何有机体自发性做出的行为被称作操作，通过控制结果研究频率变化的这一过程中，斯金纳将其命名为操作性条件作用。

效果率

桑代克认为，学习是对环境给予的刺激和动作之间的联系：刺激—反应联结（stimulus-response connection）。随着猫在笼子中不断尝试，总会出现触发开门的情形。而这能使其获得自由（从笼子中被释放），在不断实验中出现的频率逐渐增加，最后甚至成为将猫放入笼子后它就会做出的反应。这种带来令人满意的行为出现的概率会越来越大，带来不满意结果的行为会越来越少的现象被称之为效果律（law of effect）。简言之就是，好用的方法继续用，不好用的就换，一切看效果。

强化

随后，桑代克对结果，也就是强化物进行了更系统地划分。当你努力学习，最后取得好成绩时，这种现象被称之为正强化（positive reinforcement），即得到奖励后（正）表现出增加行为（强化）的现象。而当我们在吵闹的环境中戴上耳塞以减少噪音时，这就是负强化（negative reinforcement），即通过减少（负）令人讨厌的事后得到的重复行为的动力。

当我们因为闯红灯而被罚款时，这便是正惩罚（positive punishment），即做出行为之后得到不好的反馈。而当小孩子因为不听话被没收了玩具时，这种现象被称之为负惩罚（negative punishment），即减少了自己原本喜欢的东西。

批评还是表扬？

然而，后续有研究表明人在面对奖励时的大脑反应区域和面对惩罚时的区域完全不一样。如果想带领好团队或是教育好孩子，应更多地使用正强化，而避免直接惩罚，因为在面对惩罚时人的大脑会处于封闭状态，领导当众辱骂下属的时候，下属脑子会一片空白，最后也不知道如何改正。

教我们学习原理课的托马斯教授，他就将这一原理发挥到了极致，无论我拿出的作业在我自己看来多烂，多垃圾，他都会先说一句 Great（很好）！再对我目前做了的事情给予肯定，同时用非常客气的语气说出我哪里还可以改进，以及为什么这样能有助于改进。也是在这样的持续鼓励下，我得到了一次又一次挑战难题的动力。

我在街舞社团排练的时候也发现，当我说，"你这里做错了，应该这样做"的效果明显没有"这里你某某方面做得很好，你再看看另外一个地方还可以尝试这样改进一下"效果要好。我小时候曾被一家人围着学习背诵一首古诗，每次说错或者背不下来都会被劈头盖脸骂一顿，现在回忆那一晚我的痛苦还无比真实。

强化程序表

除了强化和惩罚以外，对于奖励给予的规律也被斯金纳所研究，并总结为强化程序表。

其中包括固定比率、可变比率、固定间隔，以及可变间隔。

固定比率中，强化物在固定的次数反应后才出现。实验中鸽子啄击行为越频繁，其得到的奖励越高。现实生活中对应的例子可以是销售人员，因为他们必须卖出固定数量的商品才能换取回报。

可变比率中，强化物之间的平均反应次数是固定的，例如鸽子平均啄击 10 次会得到一份食物，但每两次奖励之间的间隔是随机的，可能是啄击一次就给奖励，也可能是要 26 次。而这也是老虎机设计的原理，这种未知的奖励模式常常会让人上瘾，欲罢不能。盲盒的设计也能体现这一原理。

固定间隔中，强化物的出现要满足固定的时间间隔后有机体第一次做出反应这一条件。例如鸽子取过一份食物后必须等待 15 秒，才能领取下一份，这时鸽子会在接近 15 秒时反复查看。我们加热食物时，也总会在快完成的最后 30 秒内反复查看，这些都是一样的道理。

可变间隔中，平均的时间间隔是确定的。这是一种很温和但很稳定的强化。例如我们面对时不时就会抽查考试的教授，每天上课都会带着笔记。

7.4 认知与学习

以上两种条件作用的学习，可以解释很多简单的学习过程。但有些学习过程也需要认知的参与，即我们运用思维、记忆、语言进行学习的过程。

观察学习

当我们看到学习好的同学得到表扬时，他们也会成为我们的学习榜样，激励我们好好学习，这便是观察学习。其本质在于，我们能意识到如果自己也像"他"一样做，那我们也能得到奖励。

这一领域的开拓者是阿尔波特·班杜拉（Albert Bandura），在儿童看到一个成人对大型玩偶施暴后，儿童对照组表现出来更多的攻击性行为。后来的拓展研究表明，即便是看动画片，儿童也会模仿其中的卡通人物的行为。同样，一些积极的行为，例如待人有礼貌和助人为乐，也会被模仿学习。

班杜拉1977年提出影响观察学习的因素，一共有四个过程，分别是注意、记忆、再现和动机。首先我们必须注意到榜样的行为以及后果，比如参加了辩论比赛的学长得到了学妹的欢迎。其次是记忆，观察者必须记得这件事，比如某男同学观察到这件事后对学妹加学长微信的画面印象深刻。再之后是再现，观察者要有能力重复这一行为，例子中的男同学本身辩论的能力也很强。最后是动机，也就是观察者有重现榜样行为的能力，比如例子中的男同学渴望谈恋爱了，那么他就会选择报名参加下一场的辩论比赛。

试想一下身边有什么样的榜样，他们的哪些行为被你模仿过呢？或是说话方式，或是行为模式，自己又是怎么经历以上四个步骤的呢？

认知地图

事实上，从行为主义这一个视角解释人类的学习过程肯定是不够的，我们解决的问题更复杂、更多样，比如高考中的理综题就需要我们调动脑中对于相关知识点的理解和认识来解决问题，而这也是人类特有的能力。

在学习研究领域中最早开拓认知过程研究的是爱德华·托尔曼，他将老鼠放到迷宫中并观察老鼠的行进路线，发现当老鼠走进错误的路线时，先前经历过错误路线的老鼠会以最短的路径绕过障碍物。解释这种现象的原因是老鼠依靠它们的内部认知地图（cognitive map）来做出反应。即它们记住了迷宫的空间样貌。

写在最后：

心理学的魅力之一便在于它不会给我们一个明确的答案，而是给予我们不同的分析视角。行为主义依然有自身的局限性，例如没有办法对梦进行解释。而当我们在对人的行为进行分析时，行为主义中强调的反馈与强化又能提供最强有力的解释，例如玩手机上瘾。

　　对心理学的学习过程，始终是一个批判的过程。这里不是为了争出一个对错，而是从各个角度不断完善，还原出一个更立体的，对心理活动的理解。

8. 心理疾病

不知道从什么时候开始，抑郁症这个名词对于我们来说变得不再陌生。甚至以前无人知晓的病，现在也越来越引起人们的关注。抑郁症和我们通常说的很多疾病，比如癌症、糖尿病、心血管疾病，其实有着本质区别。英文里，抑郁症和其他各种精神障碍都被称之为 disorder，更准确地翻译应该是"功能失调"或者"功能紊乱"。对比来看其他疾病 (disease)，强调的是人体器官可见的结构性变化，比如某个地方长个瘤、胃的胃酸分泌过多，神经信号发射的强度频率不正常，这些都是可以通过机器监督到的，我们都称之为 disease。

医生对于一项神经障碍类疾病的判断往往取决于患者的自我陈述和医生的主观判断。曾经有人对精神病医院的医生做出的诊断提出过质疑——你们的判断并没有依据，并不准确。这个人便是罗森，他对医院说，我即将安排一些伪装的病人，穿插在即将送往医院的精神病患者中，一同接受医生的诊断，看一看你们的医生是否可以找到这些"假病人"？

　　然而结果是医生们确实在这群病人中找到了一些"正常人"。但事实上，罗森并没有安排任何一个伪装的病人去医院，所有人都是原来就被判定是"有病"的病人。然而医生因为在诊断之前认为有一部分人是正常人，在这样的主观观点引导下，真的就发现了一些"正常人"。

　　这样的结果不由得引人深思，到底抑郁症是真的需要拯救？还是他们在无病呻吟？到底存不存在这样一种疾病？心理疾病的鉴定标准到今天仍然没有客观的评测，必须依靠一些征兆（signs）、症状（symptoms）和主观评价（subjective criteria）来测量。

　　毫无疑问的是，即便是今天，我们对于精神障碍的作用机制和治疗手段仍然没有研究得 100% 精准与清晰，但目前为止已经有了预防和部分机制，有了很多可操作性的科研成果，需要更多的心理学家、病理学家、脑科学家的共同努力。

8.1 疾病分类：神经症和精神疾病

　　神经症包括强迫症和社交恐惧症等，可以说是最轻级别的心理疾病。通常会出现焦虑，不开心，行为适应性差等症状。通常他们太容易觉得：问题都出在我身上，我有地方出错了。一般这类病人会主动寻找心理咨询和治疗，他们能承认自己是有问题的，而这也是对自己有一定认知觉察能力的人才具备的，通常，社会机构的心理咨询师们遇到的来访者大多数都是神经症。而一些比较严重的心理疾病，例如反社会性人格的患者，他们大多数都不会自己寻求治疗。

精神疾病包括精神分裂、躁郁症，核心症状是幻觉、妄想，会有怪异的行为和怪异的想法。你能明显看出他们的言语、行为和神情都与正常人不同。最大的问题是他们已经脱离现实，也就是失去了对现实世界发生的事情，进行检验和判断的能力。往往不能独立应对日常生活，严重时需要住院。诺贝尔奖得主纳什(经济学领域里重要概念纳什均衡的提出者)，在电影《美丽心灵》中，他总是看到一个小女孩和一个成年男性（但实际上他们从来都没有存在过），幻听和幻视的体验让纳什失去了检验现实的能力，电影中在妻子要离开他时，他突然通过推理获得了检验现实的能力——"这个小女孩一直都没长大过，她只是我的幻觉。"精神疾病患者总是活在自己的世界里，所以很难和其他现实生活中的人建立联系。

8.2 焦虑症

焦虑障碍包括广泛性焦虑（generalized anxiety）（持续地担心和紧张）、恐慌障碍（panic disorders）（突然发作的极度恐惧）、恐惧症（phobias）（对特定物体或情境的非理性恐惧）

和强迫症（obsessive-compulsive disorder）（持续的不想要的想法或强迫，结合冲动或强迫，进行某些行为）。

广泛性焦虑

这种焦虑与周围任何特定的情景都没有关系，一般是由过度担忧引起。大部分人有时会感到焦虑，而长期的、不可控制的焦虑则使其成为一种障碍，广泛性焦虑障碍患者会对很多事情感到担心，并认为他们的担心不可控制，典型的表现就是常常担心自己或亲人患病或发生意外，异常担心经济状况，过分担心工作或工作能力。

注意：这种焦虑是长期的，不可控制的，没有道理逻辑就产生的一种焦虑。例如，偶尔担心自己是否忘记锁门，这只能算是正常的想法（normal thoughts）。广泛性焦虑症患者常伴随手心、腋下出汗，眉头紧锁，肌肉紧张。

恐慌障碍

恐慌症是指周期性的、意外的恐慌发作，包括有压力的身体和认知症状以及行为迹象。值得注意的是恐慌发作并不意味着你有恐慌症。如果你压力过大或过度疲劳，或者过度锻炼，你可能会经历恐慌发作。恐慌症是指在你不断担心会再次发作，或者你害怕因为恐慌症发作会有不好的事情发生（例如昏厥、心脏病发作）时才会成为问题。这种恐惧的产生是因为恐慌发作是不可预料和不可预测的。这和预期的恐慌发作不同，恐慌发作可能发生在你坐摩天轮时，你害怕高。

恐惧症

恐惧症是一种过度的、非理性的恐惧反应。如果你有恐惧症，当你遇到恐惧的源头时，你可能会经历一种深深的恐惧或恐慌。恐惧来源可以是特定的地方、情况或物体。与一般的焦虑症不同，恐惧症通常与某些特定的东西有关。

强迫症

属于焦虑障碍的一种类型，是一组以强迫思维和强迫行为为主要临床表现的神经精神疾病，其特点为有意识的强迫和反强迫并存，一些毫无意义、甚至违背自己意愿的想法或冲动反反复复侵入患者的日常生活。

素质—压力模式理论

一种用来解释疾病的模型，强调自身生理素质和认识想法的双重作用下，超过阈值则疾病就会产生。例如，广场恐惧（agoraphobia），个体本身更敏感，容易做出"战或逃"（fight-or-flight）的反应，思维模式上还习惯性小题大做，结合这两者的个体便非常容易做出或战或逃的反应形式，个体会频频处于这样的应激状态中。所以个体会远离那些容易让自己引发惊恐的地方，减缓焦虑。随着焦虑的缓解，个体逃避某一地方的行为又会被强化，久而久之广场恐惧就诞生了。

比如 A 女士，就经常害怕自己患有心脏病，而在某一天突然死去。在广场上，没有人能及时帮助她阻止心脏病发作。于是她对广场和其他没有熟人在场的地方充满焦虑，一次又一次地避免出现在这些场合，使她的焦虑减轻，但这又强化了她不去那些场合的行为，同时使她对这些场合更加恐惧。

8.3 心境障碍（Mood disorder）

心境障碍可分为抑郁症（depression）（个体有一个或多个抑郁期）和双相情感障碍（bipolar disorder）（个体在抑郁期和兴高采烈期或狂躁期之间交替出现）。

抑郁症

当一个人持续几周出现抑郁情绪或丧失兴趣和快感，出现失眠，消瘦，注意力衰退，感觉自己毫无价值，甚至出现自杀倾向等症状时，临床上就可以被诊断为抑郁症。

双向情感障碍

患者同时经历抑郁时期与躁狂时期。躁狂发作时伴随不正常的、极度冲动的行为，患者异常兴奋，情绪激动。而躁狂发作结束时，常常伴随着持续的抑郁，对一切事物都不感兴趣。目前有一种解释是：患者对未来有着不切实际的高期待与幻想，认为自己可以取得很大的成功，在这样的情况下刺激到躁狂的发作；但往往这种期待会破灭，最终陷入无限的自我怀疑之中，从而进入抑郁期，等抑郁期过后又会继续陷入新的期待之中。[①]

不同视角下的解释

生物学视角下，倾向于将情绪障碍归因于遗传因素，以及神经递质血清素和去甲肾上腺素的失调。

认识视角下，更强调患者对自我、世界和未来的悲观看法和不合理的归因方式（例如有人聚会没叫你，就认为自己被人讨厌）导致情绪障碍。

心理动力学视角认为，当一个人儿时失去父母关爱的情感激活，将寻求外部认可的愤怒情绪转向内心，就会产生抑郁情绪。

人际关系理论认为，抑郁是对人际关系的不安全感和社会交往的不适应，从而产生的结果。

8.4 精神分裂（Schizophrenia）

精神分裂症的特征是思维紊乱（disturbances），包括混乱的思维过程和妄想。其他症状包括知觉障碍（如幻觉）、不恰当的情绪表达、怪异行为、孤僻和功能受损。

[①]Alloy, L. B., Nusslock, R., & Boland, E. M. (2015). The Development and Course of Bipolar Spectrum Disorders：An Integrated Reward and Circadian Rhythm Dysregulation Model. Annual Review of Clinical Psychology, 11(1), 213–250.

精神分裂有明显的遗传倾向，精神分裂患者的脑部结构通常是前额叶（prefrontal cortex）皮质变小或者不活跃，脑室（ventricles）变大。

精神分裂症患者有不正常的多巴胺分泌。患有精神分裂症的来访者在眼球运动异常和免疫学异常方面有很高的发生率。患有精神分裂症的来访者非常可能在发病前经历了压力事件。多巴胺的增多导致来访者障碍发作，素质压力模型，通过生物学（生理上的）和心理学（情感上的）压力的结合，激活了关于这种病症的精神病学易病体质。[①]

8.5 人格障碍

人格障碍是一种长期存在、根深蒂固的病理，而且贯穿人的一生。人格障碍患者一般缺乏适应能力，尤其是在有压力的状况下；他们在遇到变化时显得呆板，恶性循环地重复一些自暴自弃的行为。大多数人格障碍患者不愿为他们的问题承担责任，他们经常怨天尤人，但是有时他们又自责太深。

人格障碍对比精神疾病来说轻了一个级别，有了相当的现实检验能力。问题是，他们虽然能够感知到别人的存在，但难以对别人生出情感来，别人对他们而言，就是实现目标的对象与工具，他们难以将别人感知成和自己一样的，都是

---

① 《如何选择有效的心理疗法》（美）塞利格曼；瑞森伯格，机械工业出版社。

有独立尊严的人。可以说，他们的人格就是自我，还没完整形成，于是他们的主要努力都是为了维护自己的自尊，他们的核心心理逻辑是：我没有错，永远都是别人错。

反社会型（antisocial）人格

反社会型人格表现为缺乏良知，不关心别人，没有责任心，行为非常冲动，寻求即时满足，并且无法忍受挫折。在他们的世界里，只有自己 —— 与整个社会相对立的自己。因为没有办法理解别人，所以同理心、责任感、团队感等在他们的世界里变得没有意义。因此他们往往会做出一些伤害其他人的行为。

边缘型（borderline）人格

他们在自我情绪和人际关系方面表现不稳定。精神分析理论认为，患有这种疾病的人高度依赖他人，并在极端的爱与敌意之间交替。

表演型（histrionic）人格

行为过分夸张，经常出现戏剧化的表演。过度追求别人的关注与赞同，情绪反常，会为小事大发脾气。核心症状为寻求关注，主要由父母养育方式不当所引起。

自恋型（narcissistic）人格

过分重视自己，夸大自己的重要性，缺乏同理心。患者常以自己为中心，常认为自己的能力没有得到施展而愤世嫉俗，将自己的失败归因为家人和队友，认为是他们拖累了自己。

写在最后：

如同大米在碗里便是食物，在衣服上便是脏东西一样。我们看待心理疾病也应该具有批判性的思维，在这个文化族群里认为是被允许的事情，在其他文化中则可能是心理障碍，在过去不被认可的行为，在今天或未来也有被慢慢接受的可能。

心理学家不断更新心理疾病的评判标准，为的就是能在正常和非正常之间找到一条最有利于治疗和诊断的标准，其核心目的在于适应社会发展，并为更多人创造价值。文化因素、历史因素、个体差异这些都是相关变量，心理疾病的确定与诊断在今天和未来都需要更多学者不断完善。

9. 心理疾病的治疗

　　本章将着重介绍心理疾病的各种疗法，这方面的研究在心理学领域占据了重要地位。无论是认知行为疗法、心理动力学疗法，抑或是其他疗法，都不意味着 100% 有效。

　　在笔者去医院临床心理科实习时，曾有幸与临床心理科的医生交流过关于心理治疗意义的话题。教授说："心理治疗的主要目的是让来访者获得幸福。"我不由得对这个行业的前辈肃然起敬。看着他们认真地聆听来访者的诉求，并给予帮助。隋岩在《变态心理学》中介绍，现在评估心理疾病的要素包括：临床面谈、行为观察、心理检测，这三者缺一不可。而每一项都需要投入大量精力，可以想象，这是要有丰厚的知识和实践经验，才能在门诊处做到游刃有余。

　　本章将介绍精神疾病的发展史，以及心理动力学、行为、认知、人本主义的治疗方法，以及总结如何去预防一些常见的心理疾病。

9.1 精神疾病治疗方式的历史

最早人们相信神灵与鬼魂，认为发疯的人多是被脏东西占据了身体，控制行为，人们甚至采用在患者头上挖洞来治疗。1403 年第一位心理疾病的病人在伦敦的伯利恒圣玛丽医院接受治疗。从那一刻开始至十八世纪，躁狂病人、抑郁症病人以及丧失认知功能的人都被送进环境简陋的医院，他们都戴着锁链，接受当时流行的放血治疗。西班牙画家戈雅的画作《疯人院》记录了当时的场景，当时的人们对于心理疾病的认识还处于几乎空白的阶段，而之所以叫疯人院，是因为没人把他们当正常人，甚至每年疯人院都会展出病人的日常来赚钱。

"这世界上不该有疯人院，因为整个世界就是一个疯人院！"

—— 爱德华·蒙克

即便是在今天，我们把一个正常人抓到疯人院中，要不了多久这个正常人也会疯掉。如何看待病人，也会对病人造成影响。

这种糟糕的情况直到 18 世纪后期才得到缓解，法国的利普·皮内尔（Philippe Pinel）医生 1972 年第一次为精神病人解开了枷锁。之后美国也开始为患有精神疾病的个体提供更便利的居住环境。

由于统一化的管理，被关押在精神病院中的病人越来越多，从 1969 年美国精神病院住院人数高达 471000 人，到 2002 年降至 181000 人，这落差之间隐藏的事实是很多正常人被送去了机构之中。这好比所谓的戒网瘾中心，进去的人就已经脱离了健康、正常的环境，所以更难康复。

这个时候，人们意识到去机构化的必要性，让患者在医院外的环境接受治疗。能够实现去机构化的另外一个原因是治疗技术的进步。比如在今天，哪怕是精神分裂，也可以在药物的帮助下在医院外接受治疗。

展望

今天，尤其是我们这一代人，对心理疾病等词汇的接受度、关注程度也比以前高。相信在治疗手段不断进步，未来关于心理知识、心理健康相关知识的普及下，心理疾病能更好地被治疗、被预防。值得庆幸的是，在心理科普这方面，中国有一大群愿意学习、愿意传播的人，我相信在不远的未来，中国心理学将会迅猛发展，针对中国本土的心理疾病治疗也将越来越完善，价格越来越低，让更多人能享受到优质的医疗资源。

9.2 心理动力学治疗

心理动力学（psychodynamics）认为我们的精神疾病源于我们的内心，是由无意识冲动与现实生活环境的不协调导致的。

弗洛伊德

由弗洛伊德创立的精神分析（psychoanalysis）是治疗方法之一。其理论认为我们内心一共可以被分为三个部分：本我（id）、超我（super-ego）和自我（ego）。其中"本我"是无意识和非理性冲动的代表，里面有着攻击性和性冲动。但其被"超我"的社会限制所抑制。这两者之间的矛盾就是我们产生心理问题的原因，而调和这两者冲突的就是"自我"，以适应社会。

其中常用的方法有自由联想和宣泄，对梦的解析，以及移情和反移情。

我们经常开弗洛伊德的玩笑，说无论你怎么分析，最后眼前的这个人都会是有问题的。

新弗洛伊德

通常最开始提出观点的人，都会被最多人记住，同时也会被最多人批评。新弗洛伊德弱化了弗洛伊德认为的过去对人造成的影响，更关心病人现在所处的社会环境。不再只关注儿童时期，也关注个体生活中的特殊经历对人造成的影响。同时强调自我的功能性，人际关系，以及社会动机等概念。不再过分强调本性，也不再把人性本恶当作分析原则。

其中女心理学家梅兰尼·克莱因的工作值得强调，因为在当时人们对女心理咨询师有偏见，而她便是打破这种偏见的先驱。事实上女性比男性更具共情能力，在天赋上并不比男性差。她比弗洛伊德走得更远，对儿童精神分析做出了杰出贡献，同时也对客体关系理论的发展起到了推动作用。她坚持生和死这两本能的二元论，强调是死本能导致了内部攻击和斗争，而攻击和爱是人内心活动的两种基本力量，由此可以展开分析与治疗。

9.3 行为治疗

行为治疗（behavior therapy）不像心理动力学一样关注内在原因，而是更关注依靠习得而产生的异常行为。试着回忆第七章的内容，并分析以下这个焦虑的案例。

郭郭同学对很多没有伤害性的事物或情境感到焦虑，他害怕羽毛，害怕笼子里的蛇等动物，同时也害怕在社交场合与他人交往。严重的焦虑症导致他没有办法到人多的地方去。而这时行为治疗学家们将通过不断地让郭郭暴露在他所害怕的场景中，通过不断将"害怕的事物"与"什么糟糕的事情都没发生"这两者进行联结从而达到治疗的目的。让患者直面引发焦虑的情境这种方法被称之为暴露疗法（exposure therapy）。

除此之外，让患者逐步适应害怕刺激的疗法为系统脱敏法（systematic desensitization）、让令人厌恶的刺激与患者迷恋的刺激相联结的疗法为厌恶疗法（aversion therapy）、暴露在害怕刺激中的疗法为洪水法（flooding）。

社会学习疗法

社会学习理论也在行为治疗中扮演着重要角色。社会学习疗法（social-learning therapy）就是通过患者对榜样的学习来达到治疗效果。既然人能通过观察他人来学习，那么上文中的郭郭也可以通过观察治疗师在面对蛇的状态来减缓自己的焦虑。

9.4 认知疗法

认知疗法（cognitive therapy）强调造成困扰的并不是人所思考的内容，而是人们以何种方式思考。同样是丢了两万块钱，有人觉得吃亏是福，而有人会觉得如同灾难，前者相对于后者更少患心理疾病。

阿尔伯特·埃利斯（Albert Ellis）的理性—情绪疗法

（rational-emotive therapy，RET）是早期的一种认知行为疗法，认为人可以通过理性思考来改善非理性认知所带来的激烈情绪反应。

而后续发展的认知行为疗法（cognitive behavioral therapy）假设人们的想法会影响人的行为。而随着错误信念的改变，重构认知后的患者能更积极地应对令其困扰的事。认知行为疗法是目前研究最多，取得成果最显著的治疗手段。其中常见的七种错误信念如下：

1. 个性化和指责（personalization and blame）：将问题归因于他人的指责。例如认为自己婚姻的不幸都是因为父亲过分严厉造成的。但实际上人哪怕是长大一岁都会有很多变化，这些影响并没有那么严重。

2. "应该"思维：认为自己应该怎么样。例如认为自己应该成为世界上最成功的人。但实际上这明显是自找没趣。

3. 标签（label）：给自己贴上不实际的标签。例如某吸烟男子给自己贴了一个"无药可救"的标签后，便持续吸烟。但实际上没有谁是无药可救的，也没有什么标签能伴随人的一生。

4. 过分夸大（magnification）：夸大缺点和问题的严重性。

5. 忽视积极面：否定和忽略自己身上的优点、成就以及值得被认可的经历。例如拿了奖学金的人认为这是巧合，自己不配。但实际上拿奖学金就是一种客观证明。

6. 非黑即白（all-or-nothing）的思想：以绝对的角度看

待事物。比如某人目标是雅思7分，但自己第一次拿了5.5分，就全盘否定自己并陷入消沉之中。却没看到他第一次口语成绩是6.5分，这个部分已经很成功了。

7. 过分概括（over generalization）：以"总是、从来不"这样的句子概括巧合事件。例如某人从巧合事件中认为白羊座的男生才是自己的绝配，并应用这个准则找男朋友。但其实她可能已经错过了很多优秀的男生。

其实不光是患有心理疾病的人有以上这些错误信念，我们在平时生活中也会经常陷入错误误区。警惕自己的思维误区，一定程度上也能预防心理疾病。

9.5 人本主义治疗

所有"我做不到"的说辞，其实只是不想做罢了。

—— 阿德勒

每个人都有选择的权利，改变的潜能，以及自身可以创造的价值，这便是人本主义强调的核心观点。人本主义治疗鼓励人们积极面对生活中遇见的挑战与压力，认为某些心理疾病例如抑郁症和强迫症是人们对现实生活的逃避。

这里我主要介绍来访者中心疗法和格式塔疗法。

来访者中心疗法

来访者中心疗法（client-centered therapy）由卡尔·罗杰斯（Carl Rogers）开创。其基本假设是每个人都有自我实现的倾向，充分发展他们的潜能。正如"鸡蛋从内打开是生命，由外打开是食物"所表述的一样，生命在于展开。

罗杰斯早期在心理咨询时，有些病人在听了医生的建议后并不接受，甚至拒绝继续治疗，这使得他不断反思传统的将病人看作客观对象的治疗方式，并给出相应的诊断意见。他开始意识到，要想真正帮助患者就要把他当作一个完整的人来看待。不是居高临下地审视对方，而是平等地和对方建立关系。这也使得罗杰斯取得极大的成功，很多患者甚至在得到真正的理解后眼眶都湿润了，因为在此之前没有人理解他们。

格式塔疗法

格式塔治疗（Gestalt therapy）由弗立兹·波尔斯（Fritz Perls）创立，其认为人的思想和身体有整合的倾向。如果我们有未完成的作业或任务，通常都会觉得不舒服，未完成的事情也会成为我们的心结，成为心理疾病的导火索。

那么如何将这些感受表达出来呢？治疗师常使用的是空椅技术，即在患者面前放一把空椅，引导其想象一个人，感受物体或者场景在椅子上出现，通过引导患者与之对话来挖掘其内心深处的强烈感受。通过对其感受的分析与解读找到一直以来妨碍来访者心理健康的问题根源，并展开治疗。

写在最后：

"有啥别有病，没啥别没钱。"

"我有病没钱，了解一下？"

我非常害怕以上这段玩笑话成了很多人的真实写照，也害怕未来有一天心理咨询师非常好找工作。因为那意味着有心理疾病的人变多了，而且价格也更贵了。我在医院实习的时候，所能看到的每一个病人都牵动着我的心，到底是什么原因让我们身处物资丰富的时代，内心世界却千疮百孔？谁能制止这一切的蔓延？

对此我没有答案，但我相信这一问题的解决，离不开对心理疾病治疗的探索与开拓。或许某一天，我们能像治疗感冒一样治疗心理疾病，我期待着那一天的到来。

现在很好，未来会更好。

10. 社会心理学

在分析具体社会问题时，我们的何教授经常说："Depends on context。"（这要看情境）。其中 context 直接翻译就是上下文的意思，没错，当我们在阅读的时候，"他真用功"这句话在不同的文章中意思大相径庭。我们的行为也是，在酒会上你可能温文尔雅，在家里你可能对另一半破口大骂；平时安静的人也可能在某些情境下表现得疯狂。这些都是情境的作用，也是为什么教授看待问题时不会给出绝对答案的原因，例如这个人未必就是一个坏人，而是要更多考虑情境的力量。法国哲学家萨特说："情境塑造了我们。"我国企业家张一鸣也反复强调，"context，not control"，设身处地地对员工所面对的情境进行优化，而不是命令，这也是字节跳动能飞速发展的原因之一。其理念也体现了社会心理学研究的精髓，那就是情境对人的影响。

本章挑选了四个社会心理学最核心，也被人探讨最多的部分。分别是角色与社会规范、态度与行动、他人在场以及从众。

10.1 社会规范与角色

你是否在某个群体中常说某个口头禅？当你扮演不同角色时是否会有不同的行为模式？答案是肯定的。

有凝聚力的群体，人们往往都会有整齐的行为模式。我所在的街舞社就是这样，你如果在路上看到两个人莫名其妙地开始相互敬礼、鞠躬，那就是我们街舞社的人在彼此打招呼（我们独有的"企业文化"）。而这便是所谓的社会规范（social norm），公开地陈述或潜在的群体规则让群体成员明白哪些行为在这个群体里是被接受的，而满足这类期望则会让自己更快融入这个群体。

服从规范能使群体变得富有活力，我和另外四个心理系的男同学经常结伴而行，不知道从什么时候开始，在听到别人说话后回一句"是这样儿的"来表示肯定。而这导致我们的聊天在外人看起来极其诡异，我们吃一顿饭能说60多句"是这样儿的"。

偏离规范则会让人想要逃离所处的情境，比如在会议上大家都穿正装，而你穿着拖鞋和浴袍。这个时候你便能感受到偏离规范时的不安感。不得不承认，规范的力量是巨大的，在什么环境下长大，就会受到什么样的规范影响。身边的人都打游戏，那你很难保持专注学习，这个时候成绩差也是自然的；而换一个大家都学习的环境，成绩进步也是自然的，这也是为什么教授强调在分析事情的时候要看情境的原因。

此外，当我们扮演不同角色时，也会有相应的行为模式，最经典的实验是斯坦福监狱实验。扮演狱警的人开始变得盛气凌人、残忍无比，最后导致演囚犯的人无法忍受、思绪混乱甚至抑郁。即便这些"狱警"在被挑选的时候都按照遵纪守法、情绪稳定、身心健康的标准，但当他们在扮演角色之后就变成另一个人。我们对自己所处角色的认同，很大程度上影响了我们的行为。

社会心理学课堂上，老师问到怎么才能让人坚持运动？我的回答是："当这个人认为自己是运动员的时候。"这个灵感来源于在我刚进街舞社时带我的队长，他说有些舞者根本不把自己当舞者看待，他们是运动员，每天训练多少都是有计划的。而这也启发我逐渐塑造"运动员"的身份，每天跑步不是自律的表现，而是我的职业习惯。

我们可以利用角色的力量来审视自己，在当下的情况中，我扮演什么角色？我真的认可这个角色吗？感到不舒服是不是自己扮演的角色有问题？这个角色怎么影响我？我换个角色，事情会不会有所好转？

10.2 态度与行动

　　《这就是街舞》中韩庚导师的队伍名为"态度大师"，强调他们对待街舞的态度。我的街舞启蒙老师 —— 李想也跟我们反复强调态度的重要性，他的人生哲学就是自己决定的事情，无论如何都要拼尽全力完成。这样的态度导致他在做事的时候有着堪称恐怖的抗压能力。开舞蹈室被骗过钱，得过大病，宣传招生处处碰壁，等等，都没有令他向命运屈服，并不断地尝试解决问题，开拓更多可能性。我们都称他为"老大"，而他也真的像对待小弟一样照顾我们，出去吃饭从来都是他请客，即便是在他最穷的时候。他对身边人的态度也同做事一样简单有力 —— 对身边人好。

　　态度便是对于人、事或者观念的评价。评价可以是对问题做出赞同或否定的回答。"老大"对照顾我们这帮学生的态度是非常重要的。同样，对于做事不放弃，积极应对挫折这一观点他也认可。态度决定一个人的行为，态度能影响一个人的发展。

态度与行为

　　心理学上我们经常使用 5 度或 7 度量表来判断一个人对某样事情的态度。

　　例如，面对陈述"我觉得上面的故事很励志"你有多大程度认同这一表述？请圈出一个数字，其中 1 代表非常不同意，3代表无所谓，5代表非常赞同。

1－2－3－4－5

影响我们做出判断的三个要素分别是认知、情感以及行为。认知：对我的街舞老师的故事你有什么想法？你觉得他的成功是努力的结果，还是纯属偶然？情绪：看完这个故事你有什么感受，是热血澎湃了，还是感到不屑？行为：你会在未来的励志作品中写他吗？会和别人说这个故事吗？

当然上面的例子只是为了展示如何测量态度，这并不难。男女朋友之间也经常存在态度的衡量，"你爱不爱我？"这样的问题也是在测量态度。但想必你已经猜到了，态度对于行为的预测，并不是100%准确的。

在学习社会心理学时，我们的老师便向全班提问过："你们说什么时候态度可以预测行为？"当时班上很多人都愣住了，你也可以想一想到底应该怎么回答。

因为要想完美地回答这个问题太难了，没人能确保自己可以完美地预测，就连心理学大师也不能，但这个问题很值得探究。在无数社会心理学家的大量工作下，我们得出了几个因素，它们会帮助我们判断得更准确。

1. 可获得性。需要评价的对象与表态人的联系强度。你喜不喜欢米饭？你喜不喜欢用埏埴①？你肯定会对第一个问题做出更快的反应，因为前者的关键信息，我们可以通过直接

---

① 指用水和土做成的供人饮用的器皿，出自《道德经》第十一章，"埏埴以为器，当其无，有器之用。"

经验获得，这个时候可获得性就更强。研究表明可获得性强时，态度和行为更容易保持一致。

2. 态度持续的时间。当连续一段时间我们都获得一样的态度回答时，这个时候我们对评价预测行为更有把握。一个人上一秒说喜欢你，下一秒就说不爱了，说明前一个回答没有深思熟虑。

3. 内隐态度，即意识之外的态度。一个人可能说自己不歧视长得丑的人，但在测试中把好的词汇和坏的词汇与丑照片的人进行联结判断时，被试者可能会更多的将消极词汇与其联系在一起。而内隐态度是否与报告的态度一致，也成了预测行为的一个衡量标准。

现在，我们知道态度会影响行为，那么行为是否会影响态度呢？答案是肯定的。

其中一种解释是认知失调理论，人们倾向于避免让自己的行为、信念、价值观、感情、计划等陷入有冲突的状态。其中很好的例子便是老年人买了保健品，即便打假的新闻已经发出来了，也依然不承认自己被骗了，甚至会继续夸大保健品的作用和价值。因为在这个过程中，承认自己买了假药，自己能分辨真假药，这两者之间产生了矛盾，只能有一个是真的，另一个是假的。所以为了调节这个矛盾，使其一致，要么就说自己错了，要么就说这药没问题。所以买了保健品后更容易被自己说服，说这是有用的真药。

到底我们在为自己的行为辩解，自我欺骗？还是真的遵从内心感受而表达态度？事实上我们常因为认知失调而选择前者，这也就能解释我们花了大价钱去高档餐厅，结果吃到平淡无奇的菜品后称赞食材的鲜美。我们的态度被行为左右了。

另一种解释是自我觉知理论。即通过对过去经历的和现在正在做的事进行总结来推测自己的态度。例如我这个人戒酒，但在女朋友的生日会上喝了很多。认知失调理论下我必须解决这对矛盾，但在自我觉知理论视角下，我通过自己的行为来反向考虑我的态度："因为我喝酒，所以我女朋友的生日十分重要。"

总的来说，审视你的态度，因为这会影响你的行为；同时也小心你的行为，这会影响你的态度。

10.3 他人在场

相信很多男生都有过这样的经历，当有美女从身边走过的时候，自己会表现得更有精气神，更自信。事实上我们必须承认，自己会被身边的其他人所影响。

社会助长

我曾和别人一起围绕着操场跑了 30 圈，而在这之前的锻炼中，我从未超过 20 圈。事实上在某些任务中，他人的在场会提高我们做事的效率。而这种社会助长（social facilitation）甚至会发生在动物身上，拜耳在 1929 年的研究表明有同类在场时，蚂蚁能挖掘出更多的沙子。

但同时，我们也有过在考试解答困难问题时，老师的出现让本就混乱的大脑更加混乱的情况。研究表明，他人在场时会降低表现。到底他人在场对人的表现是有积极作用，还是有消极作用，这个问题曾一度困扰着社会心理学家。

这个问题最终的解决是由社会心理学家扎伊翁茨（Robert Zajonc）用字谜任务完成的。其结论是在简单任务中，如辨别打乱顺序的字母，他人在场能使任务完成得更快。而在复杂任务中，比如一些字谜任务中，他人在场往往会令被试者过分焦虑而表现得更差。

出现这种状况的三种潜在解释为：第一，在乎他人评价，机会是一种自动化的思维，我们会因为想给他人留下正面的印象而表现得更积极；第二，他人在场容易导致分心；第三，纯粹在场，即便是不考虑他人评价，自己也没有分心的情况下，他人在场依然有唤起作用。动物也有社会助长效应，这似乎启示我们社会助长有一些类似于生理机制的先天属性，影响着社会中的每一个人。

社会懈怠

"小组作业就不可能均匀分配。"

追求个人目标时往往出现社会助长，而为集体目标努力时常常出现有人划水的现象。在英厄姆（Ingham）设计的拔河实验中，被试者被安放在了拉绳子的第一个位置，让他以为只有自己拉绳子和身后还有人一起拉的情况下分别尽全力去拉。结果是，当他们以为自己一个人在拉的时候，使出的力气比和其他人一起拉要多出大约20%。

在大学期间做小组作业的时候，也总会有人不出力，等着躺赢。这些都是社会懈怠（social loafing）的例子。

这在任何个人都能享有群体利益的组织、公司中都会发生，而减少划水现象的一个办法是量化每一个人的表现。但这往往很难衡量，而且衡量本身就是一个大工程。另外一个办法是，赋予员工或成员使命感，当他们为这个团队而战时，便会开始努力工作。

去个体化（Deindividuation）

在某些情况下，个人会完全忘记自己的判断而顺从群体的判断，比如一群人在街上胡乱丢垃圾、损毁公共设施时，个体很容易也跟随一同施暴。当所处群体表现一致时，个人往往会淡化自己的道德束缚而顺从于群体。个体所在的群体规模、匿名性、唤起、分心活动和弱化自我意识，这些都是影响去个体化的因素。

当你发现周围的人都不对劲的时候，请务必提醒自己，目前的自己可能正处于去个体化的过程中。

10.4 从众 [①]

我所在的一个创业团队曾讨论某个项目到底要不要落地的问题，事实上我心里觉得这是个必凉的项目，怕打击提出者的积极性，我在开会的时候表达的观点是："值得试一试，毕竟没人做过。"而当时另外一个负责人的态度是："我们这个项目推出去之后还可以拓展更多相关业务。"其他人也表示自己有时间和能力落实这件事。

最后我们落实了，但失败了。过了很长一段时间，我们私下聊天才知道，原来另一个负责人只是尊重我的意见，而其他同事认为我们都一致认同了，那就积极推进。而事实上，我们都对当时的项目不看好。

服从大多数

事实上群体压力让我们与正确的道路越来越远，所罗门·阿希的"线段实验"是这一现象的最经典实验。

他先让被试者坐在一起，看一根标准线段，然后再看 3 根长短不同的线段 A，B，C。让被试者依次回答，到底哪根线段和标准线段是一样长的。

其中设计巧妙的地方在于，回答问题的有 7 个人，6 个都是阿希找的托。他们的任务就是负责回答一致的错误答案，

---

① 这里区分三个概念：从众（conformity）指根据他人的行为或信念而做出的改变，如跟大家一起鼓掌。顺从（compliance）指靠外在力量而改变行为，为了避免惩罚或得到奖励，如系领带。服从（abedience）指由明确命令而引起的行为，如射击。

来误导受试者，即便答案显而易见。结果是，当被试者单独接受测试时，错误率不到 1%，而在群体环境下答题，错误率会上升到 37%。

当其他人和自己意见不同时，我们便会感受到压力。而主动放弃自己的观点，接受群体的意见。

后来又有心理学家进行了匿名的测试，实验者不会和其他人见面，通过线上方式答题，但能看到其他人的答案。结果显示答错人数的比例与之前阿希的结果一样高。这进一步说明我们会被其他人的行为所影响，而表现出从众。

但也不必过分悲观，我们并不是傻到别人说什么就是什么，有学者指出人们之所以表现从众是出于理性的思考，因为和大家一起都选错，相比之下不会有任何损失，而如果和大家都不一样则损失很多。跟大家一样是综合来讲最优的决策。该实验确实证明了群体会对人的判断产生影响，但仍然有 2/3 的人没有受影响，我们人并没有完全退化成愚蠢的绵羊。[1]

少数影响（minority influence）

电影《十二公民》中，即便在 11 人坚决判定男子有罪的情况下，另外一名负责做判断的人也坚持抱有怀疑的态度，不愿意凭直觉判定男子有罪。终于，在讨论了几天几夜后，原来 11 位认为男子有罪的判定者改变了自己的看法，最终做出了正确的选择，没有冤枉男子。

---

① 羊群效应：一只羊跨过栏杆后，其他看到的羊也跟着跨过去。

在团队决策中，如果出现了少数坚定的人提出不同意见，能极大程度地避免群体决策出现偏差。这也是为什么后来我们团队的所有决策都一定要听到反对声音后再行动。

服从权威（obedience to authority）

伟大的思想都会影响同时代的人，斯坦利·米尔格兰姆（Stanley Milgram）就是受线段实验启发的人之一。他提出假设，认为人们之所以会听从他人，除自身原因以外，还会受到情景中权威人士的影响。

他设计了一场电击实验，让实验者在权威（教师）的指导下对另一个人持续增加电击，实验结果是，即便面对被电击者持续的痛苦号叫，依然有 26 名实验者（占总数的 65%）将电压加到 450 伏。

这里值得强调一下的是，被电击的人其实是演员。同阿希的实验一样，演员和真正的实验者一起抽签，而演员都会假装自己抽到了"学习者"的标签，在实验中学习者答错问题就会被"电击"，而实验设计中每次都会答错。真正的实验者并不知道这一切，他们亲眼看着"演员"在隔着玻璃的另一个房间里被绑在凳子上。

这个实验的巧妙之处在于能让被试者完全不知道实验要研究什么，从而确保了实验的准确性。我的一位环境科学专业的学长也是心理学的爱好者，他就吐槽我们做的实验往往一下子就能猜到要研究什么，"你看那些大师做的实验，那才是实验，你以为研究答题，其实是研究权威影响……"对此，我十分认同他的观点，心理学家的乐趣之一就是精心设计实验场景的过程。

在随后的拓展实验中，米尔格兰姆还探究了影响服从的其他变量：情感距离、权威的接近性、权威的机构性、逐渐提高的电击强度以及不服从的同伴。

1. 情感距离：施加电击的人是否能看到被电击的人？能多大程度上感受到被电者的痛苦？实验证明越是无法感受到被电击人的痛苦，则越少表现同情，进而服从。

2. 权威的接近性：权威在场，而不是用电话下达命令，会使被试者更容易服从。

3. 权威的机构性：有参与者报告称，如果不是在耶鲁大学，自己绝对不会服从。权威的声望也会影响人们服从的程度。

4. 逐渐提高的电击强度：从低电压慢慢发展为高电压，循序渐进的命令更容易引起服从。

5. 不服从的同伴：如果在实验中有一个演员与实验者参与实验，并表现出反抗，则实验者更容易释放自己内心的声音而不是服从权威。

在后续的评论中可以看出，很多人认为这样的实验设计对参与实验的人来说是一种极大的精神痛苦，他们违背自己的心理意愿对"演员"施加酷刑，他们内心挣扎，怀疑自己。今天很多自媒体也用极度夸张的标题，比如"惨无人道的心理学实验"！

事实上，根据精神病学家调查结果显示，确实没人受到伤害，他们在被"骗"之后都得到了事后解释。米尔格兰姆本人也表示："从对自尊影响的角度上说，与大学生参加一门普通课程的考试，但没有得到想要的学分相比，这个实验对被试者造成的伤害要小得多。"毕竟无论当时的情况多令人痛苦，理解了实验的目的后，被试者也会会心一笑。媒体和批评家对这一单的批评有过度的倾向。

然而，故事在 2018 年发生反转。一篇发表在《新科学家》杂志的文章中，对当年的实验数据整理时发现原本一共有 23 个实验，而报告中 65% 的人服从其实只是一组实验结果。作者佩里表示："与其说这是一个实验，不如说是一个被扭曲的故事。这个研究的名声有多大，对人类的误导就有多大。"[1]而这也成为我当时伦理课上的小组课题，这样以偏概全的报告夸大自己的研究成果是不恰当的。

因为是 2018 年的实验，很多心理学科普书没有来得及更新，但此时更大的批评已经来了，2020 年出版的新书《你当我好骗吗？》的作者雨果·梅西尔指出，这个实验研究的是人在陌生环境下的应对，并不能严格代表一群人都会做傻事。大屠杀也不光是权威下达的命令导致，事实上当时的士兵本身就反感犹太人，看似服从的人只是顺应了自己的需求。[2]

但是，我觉得故事应该还没有完，文化差异？人格差异？

---

[1]Fifty shades of obey, Gina Perry, New scientist，2018/03/17-23.
[2]Not Born Yesterday： The Science of Who We Trust and What We Believe，Hugo Mercier，2020/01/28.

认知过程？这些因素是否会导致服从权威的相关研究在今天仍然在被继续探索。

写在最后：

社会心理学是我学的最疯狂的一门课，当时课堂上一大半的问题都是我一个人回答的，以至于后面发言都有点不好意思。用我朋友的话说，我当时"杀疯了"。

但事实上我认为这都归功于戴维·迈尔斯，他写的《社会心理学》①具有很强的可读性和启发性。

"社会信念和判断"这一章他为我们讲述了众多判断中的错觉后写道，"从错觉中寻找现实，需要开放的好奇心和冷静的头脑。这种观点被证明是对待生活的正确态度：批判而不愤世嫉俗，好奇而不受蒙蔽，开放而不被操控。"②这种科学思辨的感觉令我深深痴迷。他在书中也多次引用中国的先贤的话来补充描述，每每看到一位外国学者引用中国的经典，我都会联想到他对中国文化的钻研付出了我难以想象的时间和精力。

"我们写作是因为我们希望改变什么。"他在书中引用麦

---

① 你可以在各大书店买到这本书，同时也可以在"得到"app上阅读。

② "to be critical but not cynical, curious but not gullible, open but not exploitable." 因为英文原文更有节奏和美感，所以也把原文标注出来。

卡菲这句话也令我深感震撼，这个世界上竟然还有这样的人。学习的最高境界是跟人学，对于学者来说，戴维·迈尔斯毫无疑问是值得学习的对象，而对于大众来说，这是近距离接触大师的好机会。

第二部分：

课堂之外

第二部分，我会从刚入学开始，一直延展到我将会以什么心态面对人生，以及对心理学的展望。

具体来讲：刚入学的大学生应该具有什么心态；紧接着对于元思考的认知，让我们知道如何通过学习心理学来审视自己；探讨如何用心理学从商、防止自己上瘾、减少自己的拖延这些每个人都用得到的技能。

我们还会讨论爱情、学习以及决策这些对于大学生来说最感兴趣的问题；对自由意志的深入探讨，是我对于学习心理学如何支撑起我整个人生价值观的思考；最后我们一起展望未来新科技会如何影响心理学，以及心理学家在未来的日子里如何帮更多人。

可以说前半部分是基础，而后半部分是一种升华。如果说第一部分是了解心理学的话，那么第二部分的重点就在于见识心理学有趣、有用的一面。

1. 坦然

大学生活是每个人生命中最宝贵的一段时光。无论你对自己的录取结果是充满期待，抑或是留有遗憾，之前的努力都已成定局，大学生涯都已经开始。

而当提及大学生活里什么最重要时，课内成绩，课外社交，抑或是追逐梦想，等等，任何一个优秀的学长学姐，都会告诉你们如何利用时间，精力管理等方法，来达成这些成就，变得优秀。但我们仍然要面对焦虑、迷茫、不知所措等问题。事实上，很多人即便是已经大学毕业也还是要面对这些问题的困扰。

那么怎么与这些课本之外的问题抗衡呢？苦苦追问了几个日夜后，我找到了答案——那就是坦然，坦然面对一切。它是一种特质，一种不乱、不慌、不焦虑的状态。而想加强自己的"坦然"，我认为以下三种心态是十分重要的：准备的心态，与自己比较的心态，以及反脆弱的心态。接下来我会结合自己在大学里的经历对这三种心态进行一一说明。

1.1 准备的心态

还记得，自己第一次用英语做课堂报告的题目是讲空气污染，当时我连污染这个词都读不好。而更糟糕的是，当时的我有一种自信，我觉得自己的肢体语言，加上与观众的激情互动，会引爆全场。

结果呢？报告状况是非常尴尬的，我在台上说得最多的一个词是"and"（和）。我站在讲台上，像一块无人问津的老墓碑。场下的老师和同学没有一个人能听懂我在说什么，这不是因为他们没认真听，或者没睡好，而是因为我讲的东西我自己也听不懂。我的这份英文报告处女作，被我称之为学术生涯的"滑铁卢"，还是彻底版。

请注意，像这样的悲剧几乎每一年都在重演，从大一到大二都会有几个倒霉孩子犯这样的错误，我经常在蹭课的时候看到别的人现场"翻车"，手拿演讲稿都念得颤颤巍巍，我作为旁观者都觉得尴尬。那这样的事情为什么会发生呢？其实原因不难理解。

实力相近的两个拳击手（小 A 与小张）比赛，小 A 赛前设想自己赢得比赛后的辉煌以及胜利感言，而小张赛前在思考自己比赛时可能应对的种种情况。结果不言而喻，小 A 大概率会输得很惨，而小张则赢得很稳。[1]

---

① 《运动心理学》，张力为、毛志雄，2018 年 2 月。

可想而知那些做报告或者做作业"翻车"的人，都是小A的翻版。例如，倘若我能在报告前一晚自己演习1～2遍，结果也不会很惨；进一步来说，倘若能在报告前演习20次，再向同学、老师请教改进方法，我相信那会是一场精彩的报告。

提及做事，卫蓝说："抱最坏的打算，做最大的努力。"我觉得用在这里最恰当不过。所谓准备，一方面放低姿态，另一方面在演习模拟的过程中不断淬炼作品。"Don't predict, prepare."（不要预测，要准备）说的就是这种心态。①

面对一件有明确结果的事情，比如小组作业高分或低分，比赛名次。我们总会不自觉地在结果公布出来之前去预测，仿佛自己已经取得成功一样，而忘了准备。

我见过的优秀的人，都严格要求自己专心去准备每一项任务。当预测而不实践的人在享受时，准备的人在吃苦，在真实场景里磨炼、精进。吃苦是反人性的，但也是最有效的。任何一场精彩的演出或者表演，都离不开精益求精的态度。

约克·威林克（海豹突击队指挥官）即便是退伍之后，仍然保持每天4∶45起床。他在被采访时说道："对我来说，世界上某个地方的山洞中，总有个敌人正跃跃欲试，一手冲锋枪，一手手榴弹，等着跟我交锋，我们终有一战，必须做点什么，为那一天的到来做准备。"②在他工作的场景，稍有准备欠缺，队友或自己就会丧命，威林克值得敬佩。他可以说将准备的心态发挥到了极致。

①《暗理性：如何掌控情绪》，卫蓝，2019年11月。
②《巨人的工具》，（美）蒂姆-费里斯，2018年12月，第三部分智慧：约克-威林克。

虽然对于我们来说，没必要像威林克一样，但这份准备的心态十分值得学习、效仿。而我自己，在经历了"学术滑铁卢"之后，也开始为自己的未来做准备。因为我学得费劲，我便提前学习来主动避免"滑铁卢"的再次发生。

那是在第一个学期期末考试之后，其他同学都直接回家了，而我一个人在图书馆里看下学期要学的统计书。我深刻知道：在自己各方面能力不足的情况下，提前准备就变得很有必要。预测未来时，我们的思考过程是抽象的，或开心或伤心。而当我们想准备一件事的时候，我们思考的是具体的过程和解决方案。同时在这个准备的过程中，往往会有意外的收获。比如，找来一个统计系的学长，我们聊一聊帕累托最优，他未必有我理解得深刻。

机会也总是留给有准备的人的。我见过很多人抱怨自己创业没有资源，但事实上真正将资源给到他们手中时，他们也不知道如何处理。说白了，没准备好的时候，一切都是空谈。而做好准备后，那些在准备前看起来困难无比的事情，其实只不过是时间问题。无论什么时期，带着把每一步都准备好的心态，只可能让你受益。

1.2 和自己比的心态

先谈谈比较。我们如何判断自己是否富有、聪明或矮小？费斯汀格在 1954 年提出一种方式是通过社会比较（social

comparisons）^①。我们生活中遇到的其他人，会帮我们树立富有或贫穷、聪明或愚蠢、高大或矮小的标准：我们把自己和他人进行比较，并思考自己为何不同。

那么，我们不断进行比较的根本原因是什么呢？从生存角度考虑，我们正是通过进行各种比较来确认自己是否安全，是否落后，是否会被淘汰。自然比较旨在敲响"生命安全"的警钟，而自我比较和社会比较都是受到"资源有限"的"绑架"，这一现状使我们不得不去比较。

人的潜意识随时都在评估自己的安全状态，需要确认"我"不比别人差，这样才能使自己在社会中有足够多的生存机会。我们从小到大都在和身边的人比，无论是邻居家的普通孩子，还是所谓的"别人家的孩子"。

在大学里，这个过程会被无限放大，你能看到长得比"网红"还好看的人，也能看到大学创业月入百万，甚至开始融资的人，学术实习背景丰富的也大有人在。

可是写进我们基因里的比较程序，更多的是为了避免我们跑得慢而被野兽抓走这类生存攸关的问题，但现在的我们完全不需要考虑生存问题。即便是仍然有贫富差距，我们的生活也都说得过去，巴菲特再有钱，也是和我们喝一样的可口可乐。

我们今天大部分人的生活水平都比古代皇帝要高出一大

---

①Festinger,L. (1954). A theory of social comparison processes. Human relations, 7, 117-140.

截，而今天的我们除了越来越焦虑以外，仿佛思想上如同侏儒。所以，我们需要重新审视自己的比较行为。我觉得中国古代先贤们，早已想清楚这一点。

《道德经》里说："天下皆知美之为美，斯恶已；皆知善之为善，斯不善已。"任何标准都是比较出来的，有好，就有更好，可以无限比下去。这是一场永远也不会停止的游戏，深陷其中的人都苦不堪言。这也可以解释为什么有的人富可敌国却要花上万元一小时的心理咨询费来舒缓抑郁情绪，而古希腊哲学家第欧根尼，即便是生活在木桶里仍然安然自得。

事实上，真正需要比较的人，有且只有自己：是否比之前的自己更博学，是否在变得更好。最好的检测方法就是问问自己，比起上一段时间是更喜欢自己了？还是更讨厌自己了？我希望看到的场景是，大家在一年后回顾这份分享时都更喜欢自己，虽然，这个过程可能对一些人来说不太轻松。

在不断和别人学习的过程中，只和自己比较。正如老子所说："上善若水，水善利万物而不争。处众人之所恶，故几于道。"

所以，我最欣赏一种人，他们可以和任何人交朋友，而且不会因为他人的行为或头衔而改变自己，他们知道自己想走什么样的路，也知道自己要怎么走，愿意听取不同人的意见，并时刻观察着周围一切的变化，及时做出调整，能像水一样，承载并改变自己，聆听而不试图控制他人。这样的人能在朋友难过时关心安慰，更能在朋友成功时发自内心地祝贺，我相信无论是谁都会忍不住与其多交流几句。

多听，多看，和别人学，和自己比。这是一份与人相处时的坦然，而且这份坦然还会令我们收获尊重与友谊。我认为这是一种比学习成绩还重要的能力，对于整个人生来说都值得思考。

1.3 反脆弱的心态

2020 年的 8 月 11 号，雷军进行了主题为《一往无前》的主题演讲。其中一个名词令我久久不能忘怀，每每想到都为之赞叹，那就是"国际救火队"。

当时，小米公司对打入印度市场的新品牌手机原本信心满满，却遭遇卖不动的尴尬境地：近 10 万的库存，上亿元的损失，小米为此陷入困境之中。但最后小米公司是如何应对这场危机的呢？

在这样巨大的压力下，紧急组织的"国际救火队"，就专门负责去全球各个国家的各个公司进行谈判，力求清理一些库存。而正因如此，小米公司跑过的各个国家成功地帮助小米打开了全球化的大门。眼前的危机如果没有将我们击垮，那就很有可能帮助我们在未来取得成功。

不仅是商业世界，在学习生活中也是这样的。如果，你们的小组在未来的日子里遇到了看起来不可逾越的困难，例如，死活找不到文献，或者组员遇到突发情况，一个人要完成几个人的工作时，尽自己最大可能地把任务做完吧！你会发现，未来在找文献的时候，你比别人更迅速；在准备小组报告时，你会更容易找到方向。

记得当时我在学心理学导论的时候，还同时选修了组织行为学和管理学原理。这两门课都是出了名的"硬骨头"，当时教我们管理原则的老师还是学校里出了名的严格老师——Karen Lee。

那个时候我负责管理外卖团队，还要准备街舞社的演出，我们气功队又出去接了两场演出，专业课的考试又相对较多，当时几乎每一个事件，都是在非常有限的时间内完成。

在 UIC（北师港浸大）想忙得脚不沾地，其实是一件很容易的事。我经常看见有人在朋友圈里抱怨自己忙飞了，但我的经验是，真正忙得焦头烂额的那段时间，别说发朋友圈，看朋友圈都是很少的。

可见那些口口声声说自己忙的人，都不具备应对事情该有的正确心态。这些都是花巨额学费换来的挑战机会，用这些事情磨炼自己的人会因此受益，在日后的工作中会变得坦然、从容，甚至是可以轻松应对。

我很感谢那一个学期里像"狗"一样的生活，那个时候令我获得了真正意义上的成长，我上个学期能在特殊时期依旧保持有效的学习效率，也得益于那时候面对压力，选择迎难而上，没有选择半途而废的自己。

何为反脆弱，就是在事情快要把自己击倒的时候告诉自己："这些都是磨炼，是我当下的必经之路。"而学习之外，生活也是一样。我拿疾病举例子，同样患有心脏病的两个人，小文陷入绝望，认为自己下一秒就要因为心脏病而离开人世；而小张，因为知道自己有心脏病所以变得更加自律，他知道自己必须每天规律作息，加强锻炼，定期接受检查。

结果呢？小文没到发病的时期，就郁郁寡欢地不幸去世了；而小张，因为其强大的意志力和积极的心态，在科学的锻炼和积极的应对下，身体状况甚至要比正常人还要好。小张因为患有慢性疾病而选择了自律，又因自律而更健康、更充实，生命更有意义。

杀不死你的反而让你更强大，今天的所有逆境都是明天的捷径。

说到这里，我很难不提及我的健身气功教练——方文泽老师。他右腿内侧的跟腱曾在一次比赛中整条断裂，但依然没有阻止他恢复训练。每当听他介绍自己如何在缺少一根跟腱的条件下依靠调整腿部动作来完成高难度动作时，我都会由衷地感叹反脆弱心态的力量。他即便早就过了学生的年纪，但每次去商店买衣服还是会被当成20出头的年轻人。事实上，我觉得他能轻松活过100岁。相比之下，其他跟腱断裂的人则有可能因为承受不住打击，绝望乃至放弃，下半生只能在轮椅上度过。一念天堂，一念地狱。我们在面临所有逆境的时候都可以去选择，申研失败、找工作受阻、抑或是被生活"绑架"，这些对我们来说都是最好的历练。

而每一次新的阶段，都意味着自己的一次进步！

要知道，"人生不是等着暴风雨过去，而是学会如何在暴风雨中舞蹈。"

　　总结来说，能坦然面对未来的人，都是会提前准备的人；能坦然面对同辈压力的人，都是懂得和过去的自己比较的人；而能坦然面对挫折的人，都是一群有勇有谋，具备反脆弱能力的人。希望你能在未来的日子里，无论是学习还是工作，成功或失败都能坦然面对，兵来将挡，水来土掩。在大学生活中的这些经历塑造了我坦然的心态，而这些对我来说即便是走出校门后也依然是有帮助的，也正因如此，"坦然"才被放在"课堂之外"这一部分的最开头来讲。

2. 元思考

我曾经因为一个问题和朋友发生过争执，他说动物和人的区别在于人能使用工具，而我反驳区别其实是人能使用工具、制造工具；他认为人的特别之处在于我们可以思考，而我的观点是人能与动物区分开来是因为具有对行为和思考进行分析的能力，也叫元思考能力（meta cognition）。

在我大二的时候有一次出游，我们系当时的教授正好和我们一起吃饭。期间教授突然指向了坐在我旁边的同学，说："你看他就比较活泼，喜欢表现自己，很可能家里有一个哥哥或者弟弟。"而我的那个同学真的是家里有个哥哥。后来我们听教授解释道，孩子在发展过程中，如果是一个人长大，那就很自然会得到 100% 的关注，而如果是两个人，那自然需要更活泼，更爱表达自己才能博得关注。

你看，如果我们不去细心观察，可能都不会意识到我们的朋友比我们更加积极活泼，但教授却在行为基础上进一步推进了更深层次的分析。而这个故事也引发了我对自己的思考，我小时候是那种淘气的孩子，上课喜欢无缘无故地插老师的话，经常无缘无故地要展示自己，生怕别人不知道。而现在来看，当时的我也是有原因的，因为我爸妈那个时候事业处于上升期，回到家之后也要一直接电话，甚至吃饭的时候还在工作。所以我只有表现得足够浮夸才能得到关注。当时喜欢唱陈奕迅的《浮夸》，歌词里写的"浮夸，只因我害怕"引起了我深深的共鸣。而今天意识到自己的这个特质之后，也才意识到自己更容易表现，就和我的那个朋友一样。这让我有更多的朋友，被更多人认识，但也使得我有时候会因为急于表现而耽误事情。所以我在关键时刻，比如参加会议或者谈重要事情的时候，会刻意要求自己少说话，并减少使用"我"字的表述。

　　所谓元思考，就是宏观上审视自己的一种能力。意识到自己被过去如何影响，就会减少过去对自己的影响。学习心理学会让我们以最直接的方式发现自己行为和想法背后的原因，而当我们意识到这些的时候，便获得了审视自己的机会，从而有意识地改进自己的行为。接下来将会分别讨论元思考如何减少偏见、提高心理素质，以及加强关系。

2.1 减少偏见

认识到我们为什么会有偏见，是减少偏见的第一步。

绿胡子效应

有一天你在一座荒岛求生，岛上没有任何现代科技，只能依靠原始的狩猎手段为生。在你快饿死的时候，碰见了一群长着绿胡子的人，他们不但给你食物和水，还把你接到了他们的大本营里。你很疑惑这群人为什么无缘无故地帮你，结果其他"绿胡子"都笑了，"因为你和我们有一样的绿胡子。"原来岛上还有紫胡子、红胡子、黄胡子、蓝胡子。其中一位绿胡子解释道，以前种族间都是瞎打，后来我们决定所有绿胡子团结起来，一起打其他族群，你要不要跟我们一起？

这个时候你说不对，我要客观地面对世界，便说不喜欢绿胡子，就要帮紫胡子。事实上这也不太可能。比如在生活中人们发现彼此星座相同，就会感觉更亲近。生活在"一个群体"中，总会令人觉得更安心。

生理机制

还记得第一部分第二章讲到的脑功能吗？事实上识别人脸也有一个专门的区域，叫"梭状回"。它帮助我们识别人脸，而有趣的是，它专门针对那些我们认识的人。对于那些我们不认识的人，不是同一个种族的人，负责识别的是专门给大脑发射警报信号的杏仁核。对比之下，识别熟人的梭状回需要几百毫秒，而杏仁核拉响警报只需要 50 毫秒。这其实不难理解，我们熟悉的事物对我们造成伤害的可能性更低，所以对不熟悉的人提高警惕是有利于我们适应环境和生存的。

对于原始人，几乎很容易就会和不同皮肤的人展开斗争，而对于现代人，我们的额叶皮质就会动用理性，通常是 1 秒之后，告诉我们皮肤不同不等于坏人。

确认偏误

但更糟糕的是，了解到生理原理不意味着偏见到此结束。正常来说，我们应该利用额叶皮质的理性战胜感性，但如果我们对外人的敌对心理太强，很有可能我们的理性就会被用作确认偏误的解释。比如我是一个东北人，我就有可能会在结婚的时候遭到丈母娘的拒绝，说女儿不能嫁给我，东北人都脾气不好，暴躁，喜欢惹事端。之后但凡我说话声音大一点，都有可能会被当作铁证。

先是情绪上觉得这个外人有问题，随后理性开始寻找问题，我的读者你可以相信，只要一个人愿意坚持不懈地找，那总能找到问题。"我不是说东北人不好，可是你看他就是有问题啊！"殊不知自己已经陷入确认偏误的误区。所有分析和找到的证据都只是为了证明观点，而非事实。

邓宁—克鲁格效应

此外，人们还常常会低估自己不知道的事情。面对自己不熟悉的事物，人们会不自觉产生一种虚幻的优越感，觉得其他群体很糟糕。我个人对二次元了解很有限，在了解之前听到有人谈论的时候都会觉得对方很奇怪。但后来加入健身气功队，听到不了解的人说健身气功没用的话，才意识到我原来和他们一样，不自觉地印证了邓宁—克鲁格效应，从那以后我再也没有很直接地对自己不了解的群体下定论，或者带着偏见评价某一个群体。

事实上我们很难在了解以上内容之前展开元思考，反思自己的偏见。真正知道自己的偏激想法是生理上的、心理上的原因后，便能开始有意识地避免偏见。可以试着写下自己的想法，审视这个想法的来源，然后问自己这些是基于客观事实吗？还是自己的虚幻假设？对他人的偏见是有必要的吗？我自己的评估是绝对可靠的吗？

把对方当成"自己人"，不带偏见地与他人相处，往往能发现自己更多的可能性。事实上越是一流的智慧，越能不带偏见地兼容更多群体的观点。其中用到的就是元思考。并不是那些大佬本身就不带偏见，看见好看的人喜欢多聊几句是每个人的天性，而是说他们依靠学习到的知识，在实践中反复磨炼，自己再思考，把偏见带来的影响消除了。

2.2 伤心算是抑郁吗？

在今天，抑郁症的患者越来越多。事实上即使是今天，想明确判断一个人是真的抑郁还是假的抑郁，仍然是一件困难的事情。走进医院，经过简单测试，你就能得到一张写有自己重度抑郁的检测结果表。当你只是有点不开心，随后怀疑自己有抑郁症，然后放任自己被负面情绪淹没，那么你会越来越确信自己有抑郁症。

《像我们一样疯狂：美国精神的全球化》中作者伊森·沃特斯为我们提供了一种新的视角，将美国精神类疾病的观点传播到世界各地的同时也加深了这类疾病的传播。人们通过语言思考，而思考本身就传递一定的能量。原本在亚洲大多数国家的文化中，有认同悲伤和苦难的观点，认为这些会磨炼人的心智，让人更成熟，想取得成就一定要经历苦难。王阳明两次落选却不被挫折打倒，淡淡说出了那句"世人以落第为耻，我却以落地动心为耻"。对他来说苦难和挫折并不可怕，面对苦难、挫折而一蹶不振才可耻，近代思想家梁启超说："患难困苦，是磨炼人格之最高学校。"曾国藩曾说："府畏人言，仰畏天命，皆从磨炼后得来。"正是这种直面苦难，不屈不挠的精神让中国在面对一次又一次挑战时，能有一群挺身而出的人。

而对比西方，与中国有所区别，他们认定这些疾病可以通过药物治疗。同时假设全世界各地的精神病和美国本地案例的行为一样，且假设用药物治疗要比其他国家的应对方法要好。然而这正确吗？

可以说如果你坚信自己有抑郁，那么就会真的有抑郁。

我们的思考离不开语言，而语言中的概念会左右我们的思想。同样一件事，用不同的表达都会造成不同的效果。认为我有点难过，和认为自己得了抑郁症的人肯定会朝着不同的方向发展。而即便是不抑郁的人，也有可能在长期的错误思考模式下发展成真正的抑郁症。此外，抑郁症也可能是自我寻求他人关注的一种表现，如果说自己有点悲伤，那可能没什么人会太在意，但说自己得了抑郁症，那便会得到更多的关注和问候。大声哭泣的婴儿会得到更多糖果，是一个道理。

这里主要想表达的不是抑郁症不存在，当我们无缘无故怀疑自己是不是得了抑郁症的时候，能够运用元思考，思考一下自己是不是在面对压力的时候选择了逃避，而没有直面苦难？是不是被"抑郁症"这个词汇搞抑郁了？是不是自己只是需要多找一个人关心自己？

这样的元思考能让我们更加谨慎地应对自己头脑中的想法，不会被一个念头左右而走向深渊。

2.3 摆脱过去对我们的影响

家长对子女不同的养育方式，会造就不同的依恋类型，进而影响未来亲密关系中的相处模式。很多人误以为幼儿时期对自己造成的影响会导致自己永远这样，但实际上并非如此。

我曾在"得到"上看过一对情侣分享他们的故事，两个人都是不安全型依恋人格，他们在相处过程中产生矛盾和不安几乎是家常便饭。但他们都是元认知的高手，在思考自己过去的经历给自己带来的影响时他们意识并察觉到了这一点，并一同找到了与之共处的办法，那就是他们都认为谈恋爱是一场修行，需要两个人一起经历九九八十一难。

与没有察觉到自己是不安全依恋型人格的人不同，他们没有选择逃跑，也没有选择放任自己的不安打破来之不易的爱情。与察觉到自己是不安全依恋型人格却放任不管的人也不同，他们让自己的过去在关系中尽情流淌，但不让其对自己造成极端影响。

现在你能在公众号和书籍中看到无数关于不安全依恋型人格如何难以建立长久的依恋关系。过度痴迷对方的人总是不安地想着对方会离开，或者对自己没有信心，即便已经很优秀了还是觉得自己太差。回避的人总是害怕失去，从而一次又一次地让自己上演"在对方抛弃自己之前就抛弃对方"的游戏，最终抛弃了自己的爱人，头也不回。这似乎是电视剧里才能有的狗血剧情，但在我们这一代人的身上却反复上演。

试着改变，任何人都可以减少过去的经历对自己的影响。

当你意识到过去种种对你造成的影响时，改变就已经发生。

2.4 总结

曾子说："吾日三省吾身。"鲁迅说："我的确时时刻刻解剖别人，然而更多的是更无情面地解剖自己。"一把枪指向敌人，一把枪指向自己，这其中有元认知的韵味。

元思考是思考心理学众多理论中通用的视角。发现我们有某种倾向或者行为原则后，我们便可以通过深入学习来探索这种影响为何产生，以及审视自己的思考和行为，让自己走向自己更喜欢的道路。

审视偏见让世界变得更和平，审视自己的需求和环境的影响能让自己避免患上抑郁症，审视自己的过去能帮自己获得爱别人的能力。更幸运的是，我们通过不断学习和冥想就能持续提高自己元思考的能力。

当我们有能力察觉到自己的思考和行为的原因时，我们便意识到，原来自己的人生剧本已经写好。当我们审视自己之后，才发现原来自己的剧本正在被自己书写。苏格拉底口中的"未经审视的人生不值得过"，我想就是这个意思。

3. 心理学与生意

很多人认为心理学的学生毕业前景只有心理咨询师、人力资源管理，再或者就是与教育相关。这是大众对这门学科最大的低估。事实上即便不在心理学某个细分领域达到顶尖水平，作为从事其他行业的基础，心理学也可以被视为最有用的学科之一。这一章我会通过自己的创业经历和观察到的案例，来为大家讲述几个用得上的，决策时值得思考的心理学效应。

3.1 从众与瀑布效应

不妨让我来邀请你进入我们创业伊始的场景。我们的学校——UIC 校内的饭店餐厅没有统一外卖，同学们吃饭配送全靠微信群，而我们想解决这个问题，让大家中午能体验送餐服务。我们的核心是一个小程序，在这里有商家的基本信息，同学们可以在上面点外卖，你可以理解为这是一个迷你的美团或饿了么。然而面对的问题就是，商家那边需要我们平台有足够的浏览量，同学们需要稳定的配送，而配送员需要足够巨大的单量来维持基本的收入。我们当时最大的困难是配送，订单不够多的时候我们只能自己送，但这样的服务就会非常差，而我们砸钱聘人专门配送，每天只有几单的外卖又十分亏钱。而服务差用户就不会长期使用我们的平台。就这样，用户少，流量少导致商家不满意（那时候很多商家还是第一次用我们程序，所以效率很慢），配送做得不好。这些又进一步导致订单变少，就这样形成了一个恶性循环。

当初我们团队的大多数人都觉得没有希望了，而最初把我们号召到一起的老板 —— 占俊恒。顶着巨大亏损以及舆论的压力，坚持说这个东西能行。带我们一起搞了一个霸王卡的活动，只要转发推送到朋友圈，积攒到 88 个赞，就能领取到霸王卡，用霸王卡就可以获得免费的一顿饭。

只记得那天凌晨两点打了一个巨大的雷，学校的人都被震醒了，刚好是我 19 生日的那一天，2019 年 9 月 16 号。我们的推送在中午发出，结果非常好！在下午 4 点的时候，推送的浏览量就达到了一万，而当时全校的人几乎都无心上课，全部在集赞，朋友圈刷满了我们的活动。第二天排队领取霸王卡的人把我们的楼围了起来。

事后我们成功走出了恶性循环，如今你依然能搜到那篇推送《你恰霸王餐，我们疯狂买单》，然而这里我想提及的是，虽然有很多人转发我们的推送，但最后很多人没有来领取。很多人根本不知道霸王卡怎么领取，也不知道怎么用，但还是转发了！

聪明的读者可能猜到我想说什么了，还记得阿希的实验吗？在不确定的情况下我们本能地跟随身边大多数人的行动，看到自己的 3 个好朋友都在转发，那我们即便没有自己的内在动机，也会本能地跟着一起转发、求赞。人们对于多数人的观点结论，或者权威，有着天然的信任趋同，即便这些与我们自己的观点矛盾。而当群众数量达到一定程度时，就会进一步扩大影响，产生瀑布效应，即从众的行为反过来又影响商业，形成正反馈。

现在餐馆基本都是透明的，原因就是让顾客看见里面正在吃饭的人。可以想象两家正在竞争的餐馆，一家的门口只能看见招牌，而另一家不仅有招牌，还能看见里面的顾客。可想而知来就餐的人基本不会看招牌，看一眼有人的餐厅就会走进去跟着吃了。

同理，很多商品仅仅通过前几个月的销量就能很好地推测未来的走向。因为一旦生成瀑布效应，后期的优势便很容易保持。这对我们的启示是，做一件产品也好，举办活动也好，最好是一开始就让这件事轰动目标群体，越轰动越好。产品本身经得起检验是一方面，另一方面也要舍得花钱做出必要的宣传。后来我们学校也做了一个外卖平台，虽然也做了活动，但依然没有我们占据的市场份额大，因为几乎所有商家的门口都已经贴上了我们小程序的二维码。这也是在瀑布效应下积攒的优势。我建议他们应该做活动，而且是更大力度的优惠活动，让足够多的人疯狂起来，才能进一步带动大家从众，提高知名度。毕竟，没有人会只因为看到一条消息就感兴趣。这里多说一句，商业竞争总是好的，只要不是过度竞争，这会督促两方同时进步，并带给消费者更好的服务。

3.2 折中效应、理发店、汉堡的价格

考虑以下两个场景，你走进理发店，老板问你剪 18 元的头发，还是 25 元的头发。你会怎么选？会有一部分人选择 18 元，也有不少人选择 25 元的服务。而如果场景变换一下，老板说我们有 18 元、25 元、48 元、和 88 元四个价位的服务。这个时候还会有多少人选择 18 元的服务？答案是寥寥无几，更多人会选择中间的价位。

这便是折中效应（Compromise Effect），最早由伊塔玛·西蒙森教授在 1989 年提出，指人在不了解的处境下做决策时（如第一次去一家理发店），更喜欢中间的选项。

其中值得我们思考的是，单单是凭空增加了几个选项，就会明显影响我们的决策。哪怕是根本不存在 88 元的理发服务，但单单把这个选项写在标签上也会影响我们的决策行为。

我们的外卖平台平稳之后，又搭建了自己的汉堡品牌 —— 臻汉堡。随后我在学习市场管理的时候，这一理论被我写进了4p 的价格里。（市场管理的四个核心元素之一，分别是：产品 Product、价格 Price、渠道 Price、营销 Promotion）我们的目标标的是一个 28 元的汉堡，而同时消费者还能在界面里看到 16 元的汉堡和 35 元的汉堡。可以想象一个急于买一个汉堡充饥的人，大多数情况下不会希望自己吃到昂贵但性价比低的 35 元汉堡；同时也不希望吃到质量太差的 16 元汉堡。在问卷调查当中，我们小组也确实印证了这一猜想，选择 26 元汉堡的人占了 68%。

这里我想多说一点的是，将不同学科的知识理论融合运用，会带来神奇的效果，比如将心理学应用到商业活动中。保持开放的头脑，对其他学科保持好奇心，总能带来益处。

3.3 锚定效应

我曾经和在青岛生活多年的老朋友相约在我的东北老家吃了一顿烧烤，点了一大桌子的菜。他执意要结账，但听收银员说我们这顿饭要 120 块的时候，他震惊地问道："多少？你再说一遍，这顿饭多少钱？120，没开玩笑吧？"其实这并不奇怪，我们那里人均一顿饭 50 块左右已经是很高的标准了，但对于青岛人，可能一顿饭人均 100，甚至 200 也都是平常事。

所以在他的心中，对这顿饭的判断至少要 200 元，所以听到服务员说 120 元之后会非常震惊。

同样道理，上海、北京、深圳的游客，也会对国外和其他一些非一线城市的房价感到震惊，不敢想象有这么便宜的房子。无论是我朋友，还是一线城市的居民，在对他们原本熟悉的事物进行价格判断时，都犯了一个同样的错误，那就是过度参考了自己心中的"锚定点"，也就是他们原以为"应该是"的价格。不得不承认，我们每个人在判断时都会受到自己心中的"锚"或者外界的"锚"所影响。

试着思考以下场景，在你面前有一幅画，实验人员需要你对它的价格进行判断，过程如下：

场景 A 中，实验人员提问：

1. 你觉得这幅画的价格比十万块高，还是比十万块低？

2. 你觉得这幅画价值多少钱呢？

场景 B 中，实验人员提问：

1. 你觉得这幅画的价钱是比 10 元多，还是比 10 元少呢？

2. 你觉得这幅画价值多少钱呢？

可想而知，最后场景 A 的答案的要高于场景 B。因为第一个问题的信息给我们对这幅画的感知造成了影响，进而左右了我们的判断。

在商场中，打折信息也是应用了这样的原理，同样出售 59 块钱的精品牛肉干，店家 A 打出的信息是：原价 118 元的牛肉干现在只要 59 元，而店家 B 给出的信息是 59 元。在店家 A 中，顾客的购买率就会更高一些，因为原价就相当于影响顾客评价商品的"锚"，而在看到限时购买的价格，顾客就会有占到便宜的感觉。但其实这个感觉是虚假的，这个牛肉干很可能原价只需要 28 元。但有谁会购买广告上写着"原价 28 元，现在需要 59 元"的牛肉干呢？

　　生活中我们也无时无刻受到自己心中"锚"的影响，比如一个一直是拿接近满分，班级里名列前茅的学生，突然考试不及格对他来说就是巨大的打击，甚至能使其难过很久，即便他自己也明白，是个人就有表现不好的时候。而投资赚取过 20% 收益的投资人，很难再接受投资赚取 1% 收益的项目，尽管高风险投资最后很可能让他倾家荡产。之前的男朋友都是帅哥的女生，也很难接受一个长相平平，但实际上跟自己志同道合的男生。

　　你可能已经发现了，帮助我们进行判断的"锚"，有时候会误导我们。那么怎么避免自己受到"锚"的影响呢？

　　我们在判断前可以避免看到锚。比如去买衣服的时候，我经常会在看裤子价格之前，就对这条裤子进行评估。问自己，你愿意支付多少钱，来换取这样一条你可能会穿几个月的裤子？在回答了这个问题后，再去对比价格，而不是所谓的原来价格，再进行判断。商店里的销售人员经常会先说商品的原价，最后给一个折扣价格。而为了减少这对我造成的影响，通常我会问一句，你就告诉我这条裤子要多少钱就好，我不关心原价。

其次，我们要重视偶然性和差异性。这个世界上没有什么是绝对永恒的，即便太阳也会在大约 50 亿年后燃烧殆尽而爆炸。即便是一直取得好成绩的学生，也有因为种种客观因素而取得差成绩的可能。一直年赚几百万的人也可能因为变化而亏损。

总的来说，锚定效应启发我们在做判断时要警惕自己预设的锚定点的影响，加强自己对事物分析的能力，依靠客观事实做出判断，并勇于接受偶然的变化。

3.4 登门槛效应，先得寸再进尺的智慧

试想一下，一个男孩想向父亲要钱买自己心爱的玩具小汽车，但汽车价值 500 元，小男孩认为父亲肯定会拒绝，但自己内心却十分渴求，不知道如何开口。换作你的话，你会怎么帮助这个小男孩呢？

对于心理学家弗里德曼与弗雷瑟来说，他们很可能会建议小男孩先向父亲要 5 元的饮料钱，随后再说出自己的真正需求。因为他们的研究发现，一个人接受了小请求之后，会有更大概率答应别人更高的要求。小男孩的父亲似乎很难拒绝给自己孩子 5 元的饮料钱，但答应之后的他相比于之前的心理状态有了明显的改变，更承认自己是一个关心孩子需求，并且慷慨的爸爸。在答应小要求之后，后面的要求便更难拒绝，

因为拒绝会给自己的心理带来前后不一致的压力，从而顺理成章地接受更高的要求，这个效应被两位心理学家首次发现，并称之为登门槛效应。

我大三时的专业选修课，消费者心理学上老师反复提及这个效应，当时的小测中出现过这个问题。事实上直到今天，公众号、网络上，甚至在一段视频上我们都能看到关于这个效应的科普。然而问题是，这一理论并不保证随后的大请求就一定会得到同意，效应强调的是概率问题，最初验证这个效应的实验人员发现没有前面小问题的话，被询问的人拒绝的概率更高。例如上文的小男孩，如果不先要汽水钱，得到玩具汽车的钱的概率是 12.5%，而先要汽水钱后，父亲同意的概率是 63%。

其次，对于效应背后的理解，很多网络上文章的介绍也是仅仅浮于表面的，并没有深入介绍为什么会有这样的现象出现。目前最主流的解释是，因为人有保持自己言行一致和行为前后一致的倾向，从而避免认知失调（cognitive dissonance）的产生。回想一下自己是否有类似的经历，当你上午刚刚和朋友说自己现在是去机场，要出差一个月，下午你因为各种原因又和这位朋友在电梯里遇见了，虽然简单解释后就能相互理解，但你在电梯里遇见朋友的那一刻，总是会有不舒服的感觉。或者你走在路上，发现远处匆忙赶路的朋友，你内心是否也会有快走几步，或者躲起来，总之不要让他发现自己"没有去机场"的冲动？这种不舒服的感觉，就是认知失调的感觉。我们的大脑会本能地让自己的行为、思想和言论等保持一致。所以为了降低认知失调所带来的不舒服感，人们更乐意接受后面的大请求。

2020 年两名科学家[1]利用鸽子做了登门槛效应的实验。他们利用简单的任务来模拟登门槛效应，其过程是在小请求下，鸽子需要对刺激给出少量的反应（例如轻轻地啄击木按钮），而对应更大的请求下，则需要对刺激给出更强烈的反应（例如更多次数、力度的啄击按钮）。实验结果显示即使是鸽子，在一次请求之后，也会表现出更强的遵从性。

最后，在实践应用上，登门槛效应也提醒我们所有销售者都要注意要先有"第一次"。例如我在大学读书期间，有很多新的店家也会推出促销活动，他们多是要求赞助的社团先帮忙转发推送，并告诉大家所有帮忙转发的人都能得到免费餐品或打折优惠。几乎所有人都知道店家未来会涨价，但同学们都很喜欢先接受打折和优惠（小请求），而在有过就餐经历后，后面即使花费更多的钱（大请求）成为消费者，去同一家饭店也成了一件更容易的事。这可以总结为如果这个老板希望顾客能一次又一次地来自家餐厅就餐，那么先想尽办法让顾客走进餐厅，是一个行之有效的办法。毕竟我们都有这样的经验，对没去过的餐厅会有更多思考，而去一家自己去过的餐厅的概率更大。

---

[1]Bartonicek, A., & Colombo, M. (2020). Claw-in-the-door：pigeons, like humans, display the foot-in-the-door effect. Animal Cognition, 23, 893-900.

百事可乐在最初进入中国市场时，销售上取得的成功也离不开登门槛效应。为了打开市场，百事可乐公司聘请了相当数量的销售人员，他们跑遍大街小巷，想方设法地让顾客买他们的百事可乐。面对不接受的顾客，推销人员会说我不进去，就在你家站一站；本来不是百事可乐的用户，推销人员会劝说他们"买一罐先试一试，大不了以后不买"。最后的结局我们都知道了，消费者从被动地买一罐尝一尝，到最后主动去店里反复购买，百事可乐随后拿下了中国各个城市的市场。

值得一提的是，即便这是一个行之有效的方法，也只是用在销售前期以便快速拓展潜在客户群体，任何生意都需要产品和服务作为核心。饭店做的饭难吃，应用登门槛效应只会被指责不要脸、痴心妄想。老百姓常说你不要蹬鼻子上脸，其实就是在不愿意接受请求的情况下，勉强接受了小请求，在这之后又发现对方有更大的要求从而产生厌恶的心理。登门槛效应适用于对方本来就有一定理由帮忙的情况下（比如你的请求对象是本来就要照顾你，给你钱的爸爸），如果请求是没有理由的，唐突的（比如，找一个不认识的人索要5000块），那么无论怎么"登门"都是没用的。

4. 我们为何上瘾

"这个时代最优秀的大脑都在思考如何让我们上瘾，这太糟糕了。"

——埃隆·马斯克

如今几乎每个人都对手机上瘾，短视频、游戏、社交媒体充斥了我们的生活。这并不怪我们，我们的行为本身就受到心理因素、社会因素、生理因素共同影响。了解成瘾机制，并主动避免让自己上瘾，成了这个时代大多数人的愿望。

在展开讨论之前，我们有必要先定义一下什么是"上瘾"。我觉得万维钢老师给出的定义是最精辟的，所谓上瘾，就是想要的程度远远大于自己喜欢的一个局面。[①] 喜欢玩游戏算上瘾吗？我有很多同学喜欢打游戏，但没有因为打游戏而影响

---

① 《"想要"还是"喜欢"：什么是上瘾》，万维钢，精英日课4, 2021年1月6日。

学习，相反他们还在游戏中获得了快乐，同时结交了一起玩游戏的朋友，显然这是没什么问题的。但如果一个人持续地想要玩游戏，一刻都停不下来，连续熬夜玩，腰酸背痛，眼睛发干，玩游戏的过程已经不会让自己产生快感，但还是忍不住想要开始下一局游戏，那这个时候，明明自己都不喜欢了，甚至过程中还带来了痛苦，但就是想要，就是停不下来做这件事，那就是上瘾了。

4.1 成瘾的原则

从底层的逻辑来讲，所有令我们上瘾的东西都有一个特征，那就是劫持我们的大脑，让它不能正常工作。尼古丁、酒精，它们都会促使我们分泌不正常剂量的多巴胺，进而让我们习惯这样高刺激的快感，从而上瘾。我们渴望下一次的快乐，而快感中枢告诉我们，那些上瘾行为能带来快乐，所以我们便不自觉地一次又一次重复上瘾行为。

在掌握了什么原因会导致多巴胺激增后，那些科技公司就可以故意利用这些技术，来让我们深陷其中。

我们反复查看手机，也是这个原因。就包括正在写这本书的我，也是在解决了反复查看手机这一问题后，才让这项活动顺利进行。还记得前面讲过的元思考吗？知道我们如何上瘾，能帮助我们减少上瘾。我们先从了解社交媒体、手机游戏如何让我们上瘾开始，最后再谈一谈如何避免上瘾。

4.2 让我们成瘾的设计

这里首先要明确一点，那就是游戏并不一定会让人沉迷，游戏是一项伟大的发明，它为我们的生活带来了很多快乐。没有游戏公司会专门设计令人痛苦的游戏，就像尼尔·埃亚尔在《上瘾》中提到的那样，一个成功产品的秘诀就是让用户对产品上瘾，这样不仅能增加用户的留存度，还能提高竞争力。我觉得这本身没什么问题，毕竟带来快乐，就是为用户带来价值。但有时这样的设计也确实让人难以从中解脱。

《荒野乱斗》这款游戏在近几年迅速扩张，我和我的同学们都是其忠实粉丝。我们这一届应用经济系年级第一的同学曾跟我吐槽，这个游戏令他上瘾，上厕所的时候就是因为玩它，腿都蹲麻了。

事实上，这款游戏完美地结合了各种上瘾模式。《欲罢不能》的作者亚当·奥尔特总结了现代产品中六点令人上瘾的设计，分别是目标、进步、反馈、挑战、悬念以及社交互动。这里我们逐个体会一下。

目标

先说目标，在《荒野乱斗》中每个人的奖杯数都是大家可见的，而且所有好友还会有一个排行榜，超越某人就会感到开心。同时每隔 500 个奖杯，荣耀之路上也会有对应奖励，英雄还可以不断升级，解锁更高级的道具、玩法。我本人就十分享受解锁新道具后的那种快感，逢人就说："你知道吗？有没有这个道具，这简直就是两个英雄！"

此外，微信的每日步数排行榜也是一样的道理，我和创业伙伴假期在珠海租住的时候，他总是半夜出门，围着我们那片生活区就是一顿猛走，跟我说是锻炼身体，但我知道他就是要争走路步数第一。有一次外面下大雨，我的创业伙伴也没停止走步，我在感叹企业家的恒心之余，也见识到了目标如何让人上瘾，事实上那天他走完就病了，这才作罢。

进步

第二个让人上瘾的机制是显而易见的进步。《荒野乱斗》在这个方面设计得非常好，游戏中每一个英雄的奖杯都是单独计算的，你刚开始玩的英雄匹配到的敌人也是初玩者，那么最开始玩的时候就基本不会输。当时我的创业伙伴在外面疾走的时候，我就在屋里享受自己连续十几局第一的快感，而他回来的时候我就跟他炫耀："快看，我玩得非常好！"殊不知，两天过后，我的级别提高了，就不再那么容易赢了，但最初因进步而获得的感觉还被大脑记着，所以我还会继续玩。

反馈

第三个上瘾的特点是反馈，也就是强化我们行为的奖励。基本上游戏的操作界面都有对应的反馈，按住方向键人物就开始移动，释放技能，对应的效果也立即能显现出来。音乐特效，画面特效，这些都是精心设计的反馈，让我们的大脑知道，只要你进行了操作，那么就会有对应的结果出现，大脑十分喜欢这样的设计。

挑战

当我们对游戏足够熟悉后，游戏难度也会随之升级。例如《荒野乱斗》推出的排位赛，对技术、战术，以及游戏了解程度要求较高。想要赢，想要更高的段位，就不能轻松地玩游戏，僵持不下的对局可能会经常发生，而这样设计的好处是让玩家处在"最近发展区"，即便有可能会输，玩家也能感觉到自己的水平在不断提高。迎接挑战，不断变得更强，每个人都喜欢经历这样的人生，游戏也是一样。

悬念

彩票、盲盒令我们痴迷的原因就在于悬念。还记得斯金纳的鸽子吗？在敲击 10 下木板就会获得食物的情况下，鸽子只有饿了才会去敲击木板，而当敲击次数随机时，鸽子会开始持续敲击木板。未知的奖励会让人疯狂。事实上游戏也是如此，《荒野乱斗》的所有日常奖励都需要开宝箱，开出什么都有可能，玩家们很享受充满期待和猜测的过程，我本人也是如此。

社交互动

即便是最简单的社交互动 —— 点赞，都已经足够让人上瘾。Facebook（脸书）、微信、微博，我们忍不住一次又一次地刷动态就在于此。游戏中的社会互动则更多，组队、共建工会、甚至有的游戏里还能结婚。我至今都记得自己小时候玩《弹弹堂》在虚拟世界和一个叫小白的玩家"结婚"时自己兴奋得彻夜难眠，每天都期待上线和她聊天，一起打怪升级。开学后，我的快乐也随之结束了。

4.3 如何戒瘾？

上面介绍的六种情况，相信你都或多或少有点体会，无论是工作时反复刷朋友圈，还是通宵打游戏。我们身边的诱惑越来越多，而脑子里的快感中枢还那么经不起诱惑。我们到底怎样才能改掉上瘾行为呢？

替换习惯

《习惯的力量》作者查尔斯·杜希格从改变习惯的角度为我们提供了一种思路，那就是找寻代替习惯。一个持续行为的养成由诱因、行动和奖赏三部分构成。举例来说，我曾有一段时间，只要回到寝室就坐下来玩手机，一玩就是一整晚。那么从外面回到寝室就是一个诱因，我在这个时候，这个场景下会开始玩手机这一行为，这时候在手机上刷视频和微信聊天又让我产生了快乐。每当我在学校忙碌一天后回到寝室，就会被手机"绑架"，衣服没时间洗、作业推迟交，睡觉时间也大大地延后。

意识到这个死循环之后，也就是觉察到这是上瘾行为后，我意识到自己玩手机的真正需求是希望放松一下。显然打开手机是达不到这个效果的，持续追求快感，让我离不开手机，放下手机后感受到更大的痛苦和加倍的疲惫，这与行为最初的目的相违背，所以必须替换"玩手机"这个行为。后来我每天回到寝室后，会立马脱衣服洗澡，将玩手机转化为洗澡，我的大脑依然能得到奖励。一个缓解一天疲惫的热水澡，清洗后便真正获得了放松的快感。诱因还是回到寝室的那一刻，洗澡和玩手机都能带来快感中枢的满足，那么这个"瘾"就自然被替代了。

事实上，如果我们细心观察，就不难发现每一个成瘾行为背后都有隐藏的动机，都是某种需求的表达。我玩手机是为了放松，整天刷短视频的人可能是因为孤独，沉迷游戏的人可能是缺乏人生目标而觉得太闲。我们完全可以寻找满足这些需求的替代行为，来减少自己的上瘾行为。刷短视频的人可以参加一个健身俱乐部，认识一群爱好相同的人，平时有互动、有交集，就自然不沉迷于视频带来的刺激了。缺乏人生目标的人可以通过看人物传记来充实自己的内心，事实上很多有目标、有使命，每天忙碌不知疲倦的人都或多或少受到前人或者身边人的鼓舞，比如和我一起搭建外卖平台的创业伙伴就受任正非影响颇深。觉得无聊也可以通过学一项技能或者培养一个爱好让自己充实起来。

明确上瘾背后真实的动机后，通过寻找替代行为可以有效避免我们上瘾。从此愧疚、失落的情绪将不复存在，新的行为会让你夺回生活的主动权。

只坚持一天

第二个戒掉成瘾习惯的方法叫只坚持一天，这是一位抽烟 3 年的朋友在成功戒烟后分享给我的。他说秘诀很简单，那就是只坚持一天，这里的一天指今天。

我当时听后大为震惊，要知道戒烟是非常难的，习惯了尼古丁之后，突然不摄入会产生戒断反应，内心会无比空虚、坐立难安。他说确实如此，以前戒烟失败就是觉得戒烟太难，自己坚持不了太久，但如果只专注于一天，不给自己太大压力，就今天不抽，绝对死不了，告诉自己不需要烟也能活，久而久之就渐渐戒掉了。

和其他戒烟者不同的是，我的朋友没有把烟当作必需品，而是正儿八经地将其当作有害物来看待。相比之下，其他人可能会有抽烟有助于解压、集中精力等自我合理化的借口。而专注今天，这个方法大大地降低了自己心中对于戒瘾的恐惧，这不再是一件长久痛苦的事情，而只是一天内需要做的事情，尼古丁的诱惑渐渐淡去，抽烟就不具有吸引力了。

5. 如何与拖延症说拜拜？

"影响一个人成功最可怕的事情，就是他患有严重拖延症。"

今天各行各业变化迅速、竞争激烈，追求效率成了最宝贵的品质，而其中拖延就是最大障碍。一个组织会因为人多而变得拖延，导致公司效率低下，甚至亏损。而一个人如果长期拖延，就会导致越拖延事情越多，事情越多越不想做的恶性循环。没做完的事情使自己难以专注，晚上睡觉也难以安稳入睡。对于已经工作的人来说，拖延症阻碍了职业发展。对于大学生来讲，在大学期间有意识地减少自己的拖延行为，培养一个高效工作的习惯，不仅能显著提高学业成绩，还能在今后更从容地面对生活。为什么有拖延症？怎么减缓拖延？也是心理学家们一直研究的课题。

5.1 我们为什么拖延？

我在大学期间拖延的例子可以说是数不胜数。我在大三下学期是街舞社的队长，还是 UIC 图灵 AI（人工智能）创业创新发展协会的负责人之一，一个学期算起来有 4 场大活动要办。而我在街舞社编排的舞蹈都是训练前 1 小时才开始构思，总结众多拖延的原因有以下四点：身体状态、当前偏差、恐惧失败以及规划谬误。

身体状态

大量研究表明，当人疲倦、饥饿、睡眠不足的时候，身体的自控力会大幅度下降。因为控制我们理性的前额叶皮质需要充足的血糖供应、优质的睡眠才能正常工作。

当前偏差

当前偏差（present bias）是行为经济学中的一个概念，表示当前接受诱惑的好处高于远期的好处时，我们会难以自控，放弃长远的利益，开始拖延。当让被试者选择现在喝一小杯果汁还是等 5 分钟后喝两小杯果汁时，人们更多的会选择前者。而当 20 分钟后喝一杯，还是 25 分钟后喝两杯时，人们倾向于选择第二种。[1]可见当前折现率越高，人越容易放弃远期目标而选择短期目标。如果当下吃高热量的食物就能让自己获得满足，那么人们很难选择健身3个月后身材蜕变获得快乐。

我经常在准备考试的时候幻想取得好成绩。而当我在思考未来的自己时，大脑的反应区域和我在表述别人时十分相似。也就是说，未来成绩好的自己和今天的自己是两个人。正如帕菲特曾说："对于现在的自我，未来的自我不比其他任何人值得特殊的关注。这样说来，如果现在的自我没有感到与未来自我有所联系，那么我们为什么要为了未来自我的利益放弃现在的愉悦呢？"[2]

事实上当我们意识到未来的自己与自己相差很远时，当前偏误就越明显。无论是准备考试，还是完成一个任务，都将被无情地拖延，人们会不自觉地将任务甩给未来的自己。

恐惧失败

这一点，我自己就是一个最好的例子，我曾一度害怕学习英语。从小学到高中没有任何一个老师说过我英语有天赋或者很有潜力的话，事实上我确实在英语这门课上表现得十分差。而这也造成了我在大一和大二学习英语时无比恐惧，总是拖延，而拿C。在我的成绩单上你能看到很难的心理学和商科课程都能拿到A的成绩，但英语却连续两年倒数第一。

---

[1]《当前偏差：拖延症怎么来的？》，余剑峰，行为经济学，2019年，12月19日。
[2]《对话伟大的头脑：现在的自我与未来的自我》。

正如《拖延心理学》的作者简·博克博士和莱诺拉·袁博士在书中介绍的那样，我们的本能是饿了就吃，看见陌生的东西就害怕，遇见不舒服的东西就闪躲，这是进化了150万年的产物，而我们的理智在本能斗争中很容易败下阵来。遇见困难的陌生的事情，拖延再正常不过了。因为害怕失败，我们开始拖延，而拖延导致了真正的失败。

5.2 如何减少拖延？

时间不会停留，如果不想办法克服拖延，我所负责的社团将会陷入困境，我的学习成绩和梦想，比如写完这本书，也都无从实现。所以，在与内心拖延的长久拉锯战中，我最终还是取得了胜利，一方面是因为这个时代赋予了每一个普通人获得知识的能力，另一方面如果我不解决拖延问题，这个代价太沉重了。相信很多人也和我一样。

降低期望

很多人拖延，有的时候并不完全是因为懒，而是在那些创造性的事情上，他对自己有完美主义的要求，他要求自己做到自己根本达不到的水平，所以才会一直拖着、等着。拖延症最严重的，多是做创造性劳动的人。

——罗振宇《逻辑思维：迷茫时代的明白人》

很多创造性的工作者都有拖延症，这其中最大的敌人就是完美主义，他们对自己的作品追求完美，无法接受即便是拼尽全力也没有取得完美作品的事实发生，所以他们开始拖延。拖延的过程中，心中仿佛有一条看不见的规则，"因为我拖延了，我没有拼尽全力，所有即使没有达到目标也无所谓，不是我的错，不是我能力不足的问题。"而事实上这样的自我防御（self-handicapping）往往才是失败的原因。

不得不承认期望是一把双刃剑，因为有期望我们才有动力，但也只有降低自己的期望，才能让自己与未来的自己缩短距离，减少自己对失败的恐惧，从而减少拖延，开始踏踏实实地做事。

可有时即便我们降低了期望，我们也依然会拖延。例如我本人，即使雅思成绩从 7.5 降到 6.5，我依然难以开始行动。

以努力来衡量，而不是结果

专注结果的人最后都容易迷失自己，而专注过程的人往往不仅收获了结果，还收获了幸福。

一次思想转变令我鼓起勇气继续学英语。要知道我刚来 UIC 的时候，几乎每天都恨不得在被窝里失声痛哭，可能因为我是男生，那些眼泪迟迟没有流下来。我当时认为自己永远不可能取得好成绩，因为我的英语非常差，回答老师问题的时候连 she 和 he 都能用混。

但在万维钢老师《精英日课》的反复熏陶下，我渐渐意识到真正的高手都关注过程。我身边英语流利的学霸们即便是基础比我高出许多，每天仍坚持进行大量的听力和阅读练习，还时不时练习写作与口语。

真正造成差距的是学习的这个"系统"，而不是取得成绩的这个"结果"。我们的大脑会为我们勾勒出一个又一个美好的未来画面，但我们的大脑不会让我们专注于实现这些远大理想，当我们用结果衡量自己的时候，等待我们的只有短暂的美好遐想和紧接着的持续拖延。

难道雅思高分，我就可以不学英语了吗？我开始意识到解决拖延问题的最终办法就是用努力来抵抗。从"一生"的角度来思考这一问题后，我开始变得平静，这个答案不再是通过某次考试，或者达成某个目标，而是尽自己的最大可能提高自己。

在这样的心态下，我一次又一次地开始听力练习、阅读，以及开始口语录音。虽然到我写书的这个阶段我还没有通过雅思考试，还没有达成自己心中的目标，但内心已经不再挣扎，也不再拖延。如果你也在准备考试，我希望这份终身学习、以努力来衡量的心态能帮助到你，鼓励到你。前进路上，你不孤单！

只开始 3 分钟

这个方法就如同它的名字一样好理解，请相信你自己的大脑"一旦开始一件事情就很难停下来"的特质。书写一份文档，避免拖延的办法就是打开 word；构思一场演讲，不拖延的办法就是直接让自己走上讲台开始构思；防止健身拖延的最好办法就是先从凳子上站起来。

只要开始，你的思绪便不再混乱，而开始渐渐变得清晰，让你忧心忡忡的事情也变得可控。每次决定做事只要求自己先坚持3分钟，保证开始的顺利进行后你会发现坚持20分钟也没什么困难，坚持1个小时也不过如此。拖延症不复存在，你的每一个行动都开始变得果断，随着你对任务时间把控得更加精准，你的效率会像开挂一样得到提高。

当你意识到自己需要摆脱拖延时，就马上调动起自己的脑神经，让自己进入"开始3分钟"的状态。从这一刻开始，事情开始发生，事情开始被解决，而之前被拖延的事情也不复存在。

规划谬误

"完成一个任务实际花费的时间，总会超过计划花费的时间，就算制订计划的时候，考虑到本法则。"

——侯世达法则

最后，我还想谈一谈规划谬误，它是指过度乐观，过度自信，导致我们所规定的日期和实际完成的日期差距甚远。正如侯世达法则所说，你永远会花费超过你计划的时间。

我们在给自己制订计划的时候经常忽略这一点，而这并不是你拖延的错，而是你忘记自己会拖延，是一种对自己评估的偏差。衡量自己完成一件事所需的时间，最好的办法就是回头看。看看过去自己完成类似的事情用了多久，用什么方法完成的。基本上过去用多久，方法不变的话还是要用相同的时间。

6. 关于爱情

"没有爱的生命，是没有花的春天。"[1] 我们都是自己人生这场演出里的主角，我们也都在期待着演出里的那个他。构建一段长久而稳定的亲密关系是每个人都要面对的人生课题。教我们社会心理学和人格心理学的丽丽老师就经常和我们强调，"两性关系是最大的照妖镜"，在谈恋爱的过程中自己的缺点和优点都会被放大。谈恋爱对了解自己，学会与人相处，以及处理人际关系都有着积极的作用。

本章将结合我在社会心理学这门课上学到的知识，以及自己和朋友的亲身经历总结经验。他为什么如此吸引我，什么是好的爱情，如果失恋了怎么办？我们将对这三个值得关心的问题展开探讨。

---

[1]《好的爱情：陈果的爱情哲学课》，陈果，人民日报出版社，2018年4月。

6.1 是什么吸引着我？

颜值

毫无疑问，外在的一切指标都是我们最先关注到的。颜值确实是吸引我们的关键因素，但在选择交往对象的时候，人们通常会选择那些和自己更匹配的人交往，这种现象在心理学上被称为匹配现象（Matching Phenomenon）。这也不难理解，在面对比自己优秀太多的人时会感觉有压力，而且可能会受到其他人议论的压力。埃里克·弗洛姆在《健全的社会》中说："爱情只不过是一种让双方感到满意的交换。"这句话虽然不能完全表达爱情的真谛，但确实有一定道理。

一同经历心跳

当你和自己的伴侣一同走过黑暗的小路，恐惧让你心跳加快，血压升高，而这时你的身体很容易将此刻的兴奋状态与眼前的这个人联系在一起。换句话说，大脑会把心跳刺激等一系列反应归因给对方，误以为是对方让自己心跳加速。

这便是著名的情绪两因素理论（two-factor theory of emotion），1974 年心理学家达顿让年轻女子分别在狭窄摇晃的高吊桥（生理反应更刺激）上和坚固的普通桥面上请求路过的男子做问卷，并留下电话号码。结果高吊桥上的男子有近一半主动打电话联系发放问卷的女实验员，而普通桥面上的问卷者几乎没有接到电话。事实是，一同经历心跳的人让我们觉得更有吸引力。

也喜欢我们的人

最好的朋友可能互不相同，但却彼此钦佩。最好的爱情里，两人也一定是相互欣赏的。心理学研究证明，相比那些不理会我们的人，我们更喜欢那些也喜欢我们的人。

有人经历过爱而不得，或是客观原因，或是主观原因。事实上，如果不喜欢对方，但出于怜悯开始一段恋爱关系，往往都没有好结果。

如果对方不喜欢你的话，会令你产生一种强烈的自卑感；另一方面是不安，因为对方随时可能会离开。面对不那么喜欢你的人，无论最开始是因为什么喜欢上对方，这份感觉最终都会被淡忘。

能够修成正果的一定是彼此喜欢的人。

6.2 什么是好的爱情？

我曾经和朋友开玩笑说，爱情这么深奥的东西，我一个20岁出头的人怎么可能理解呢？确实，对于爱情本身来说，无论怎么去定义、描述都是片面的。但这并不意味着我们对"好的爱情"完全摸不到头脑，好的爱情至少会满足以下三点：第一，对方是一个遵守誓言、靠谱的人，能让我们放心；第二，两个人在关系中变得更好；第三，彼此能够坦诚相待。

誓言

"我承诺，即便错过可能性，即便你不完美，我也愿意去爱你。"①

拥有追求自由的权利是这个时代的礼物，选择对方之后就意味着要承担，不能因为有更好的选择出现而贸然离开。因为总会有更好的出现，但最好的永远是彼此信任。不轻易开始，也不轻易结束。

两个人都变得更好

任何好的关系都应该让彼此变得更好，爱情更是如此。

2021年过年时我没有回家，和一位计算机专业的同学住同一个寝室，两个男人待久了，自然也就聊起了感情问题。

---

① 《了不起的我：自我发展心理学》，陈海贤，台海出版社，P327.

同学分享说："我就是希望能找一个相互鼓励的人，能一同进步的人，这样生活才有奔头。"

大学生活充满了迷茫和焦虑，如果此时遇到一个和自己一样，努力向着明天拼搏奋斗的人，自然就会多一份动力。如果和某人相处的过程中我们每天都精力充沛，并期待着迎接未来一个又一个的挑战，那这个人多半就是正确的那个人。

爱充满力量，其中就包含鞭策我们努力前进的力量。好的伴侣能相互陪伴、相互鼓励，并在这个过程中让彼此变得更好。

承接彼此

没有人会拒绝一个能随意撒野、展现自己的派对；同样，也没有人会拒绝一个能全然接受自己，理解自己的伴侣。

能够真实地展示自己，意味着自己能被对方所接受。在一段关系中时时刻刻掩饰自己的某些缺点，或者压制自己的情感，这些都会像压在自己心口的石头一样让自己喘不过气。久而久之，最后一根稻草降临，骆驼再也承受不住了，就会演变成大吵一架，或者默默离开。

两个人能够向对方表露自己（self-disclosure），用信任和理解取代不安和自我怀疑。事实上，我们不得不承认自己常常像椰子一样，坚硬外壳下的内心无比柔软。在自己爱的人面前承认自己的弱点会让彼此更加亲密，同时也会让对方卸下防备，愿意敞开心扉。[1]

---

[1] 这便是表露互惠效应（disclosure reciprocity effect），但值得注意的是，不要像洪水一样一下子把自己都表露出来，而是应该像流水一样，对方表露一点，你再做出回应，这样才能循序渐进地建立起牢固的亲密关系。

6.2 如何走出失恋？

在学习变态心理学的时候，我们的教授强调并不是只有女生走出失恋很艰难，事实上男生也不容易走出来。

恋爱中人们会产生多巴胺，会快乐，而失恋后这一切突然消失，对人体带来的结果极为严重，专业术语称这为戒断反应。此刻的人会低迷、消极、丧失动力。然而即便是痛苦，这些也是必须要面对的，人生有些路就是这样，虽然不好走但也要走完。

这里，我总结为断、聚、蜕三个阶段。

断

首先，我们明白人的大脑是有联想功能的，走过熟悉的路会想起在路上发生的故事，听到熟悉的歌会想起最初听歌的那段时光。与对方有关的信件、消息、纪念品、照片也同样会勾起我们心中的回忆。就如同没人能做到"不想白熊"的挑战一样，只要看到这些东西，我们就会不自觉地唤醒与恋爱相关的脑回路，再次燃起对亲密关系的渴望，而这些对我们都没有好处。

暂时断绝一些能让自己想起前任的东西，不要看对方的朋友圈、微博。

聚

做到了断之后，这还不够。我们往往在突然分手后少了很多社交活动，原来一起吃饭的人不见了，一起逛街的人也不在了，但社交需求依然存在。

这个时候，是叫上朋友一起聚会的好时机，我们可以叫上几个老朋友，一起出去吃吃喝喝，度过这段艰难的时光。要相信，你不是独自面对这一切。

蜕

"放弃自己的人，自然被人放弃。"[①]

我们应该提醒自己，失恋不是只在我们身上发生，同时这件事情没有对错之分，没必要责怪自己。分手不是最遗憾的，分手后放弃自己才是最遗憾的。

生命中每一个遇见的人，都或多或少教会我们一些事情，有人教会我们要多从他人的角度想问题，有人教会我们要上进，有人教会我们要有担当，有人教会我们如何看人。而无论谁以什么方式教会我们这些道理，我们都要心存感激。

很多时候，分手后的两个人都不会说对方的好话，因为说对方坏话才是言行一致的表现，才不会让我们陷入认知失调之中。但事实上，之前之所以在一起，是因为有彼此吸引的地方存在。

真正走出来的那一刻，就是我们能客观评价这段关系的

---

① 《好好爱自己》，素黑。

时候。而在客观审视过后，我们会因此受益，发现自己可以改进提高的地方，并成为更好的自己。

　　我们可以去健身，可以去阅读，可以发展一个兴趣爱好。最终所有伤都成了我们的铠甲，让我们更完整，更好。

7. 学习的捷径

"磨刀不误砍柴工。"

我在初中时期，从考不上高中到考上老家排名第二的高中；高中时期，从高一高二英语持续 40 分到高考英语 113 分；大学时期，从大一上学期 GPA（平均学分绩点）2.59 到大二下学期 GPA3.81；写这本书的时候，我正在向着雅思 7.0 的目标进发。

有些人觉得这经历挺励志的，但其实我是一个可怜人。别人家的孩子都是有人带着学，而我是从小自己学习。我很难集中注意力去长时间背诵或者准备考试，甚至在小时候被老师认为是智力障碍者。

从我小时候竭尽全力学习，认真准备考试，但最后成绩倒数的那一刻开始，我意识到自己的学习能力有先天的缺陷，而唯一能拯救我的就是学习"如何学习"。

动力

如果你是家长，你是会让自家孩子在假期去各种补课班，还是让自己的孩子去旅游，或者报一个兴趣班？

普通家长肯定会选择前者，他们十分焦虑，生怕自己的孩子在假期被其他孩子甩下。而格局大的家长会选择带孩子开阔视野，他们知道对于学习本身来说，让孩子知道为什么学习更加重要。一个人一旦有了学习的理由，那么游戏和短视频对他们来说便不再有吸引力。相反，如果是自己都不知道为什么学习的话，那只需要一点阻力就能让他放弃。

我曾在初中成绩不好的时候心血来潮想学街舞，本来觉得自己主业都没搞好，爸妈一定不会同意，但他们当时很果断地就答应了。在接触另外一项技能的时候，我发现如果想在这条路上走得更远就需要学会英语，需要和各国厉害的舞者进行交流，才能学到最先进、最高级的思想。街舞老师的一句话令我印象深刻："学好英语对你跳街舞的帮助，比你自己苦练一年肌肉都要大。"

也是从那一刻开始，我渐渐意识到学习是多么重要，自己的学历越高，能够看到的世界就越广，能够做的事也越多。

努力不是最重要的，有动力才是最重要的。

努力对于实现自我来说关不关键？关键，但更关键的在于眼界。知道世界上还有那么多美好的东西等待自己去探索的人，会很早就开始准备自己的行囊；被某件事唤起了使命感，决定为之奋斗终生的人，也不会丧失学习动力。

在这里，我建议除了学习主业之外，可以看一些人物传记，比如《史蒂夫·乔布斯传》《任正非传》《小米传》等，伟人之所以伟大，一定有其中的道理，这么多人中总会有一个人的故事深深打动你，令你彻夜难眠，也想让自己成为那样的人。而那一刻到来的时候，你便充满动力，开启了自己真正的学习之旅。

突破自我限制

古往今来成功的人，用的方式可能不尽相同，但他们都有一个共同特点，都是发自内心认为自己会成功。

一个人常说自己笨，学不会。那可以想象在未来的学习中，每当遇到难题他都会用这句话来提醒自己，也告知其他人。而久而久之，觉得自己笨，就成了真实的笨。就像鲁迅笔下的祥林嫂，逢人就说："我真傻，真的。"不知不觉间，这句话就成了她人生的自我实现预言（Self-fulfilling prophecy）。

我们对自己的看法、认知，会影响我们的行为。因为人都有证明"自己的观点是对的"这种自恋趋势，所以我们会不自觉地把事情朝着我们定义的方向去推动。

高三时我几乎都在学英语，当时每次考完试，即便是只得了40分，我也会发QQ空间，说自己下次考试一定过百！

虽然我没有真的实现自己的预言，但那股一直学习的精神始终存在。最后，高考的那一次终于成功了，不仅过了百，而且还高出了13分。而也正因如此，我才有机会来到UIC，因为UIC要求黑龙江省的考生英语成绩至少要过百才能报考。

无数心理学家告诉我们，潜意识就是命运。你是想当祥林嫂还是当自己的英雄往往就在一念之间。对自己说自己就是学霸，自己就是运动健将，不是痴人说梦，而是让自己从现在开始向学霸和运动健将一样行动、思考，并严格要求自己。

相信自己，不再怀疑自己，也不找理由让自己偷懒。事实上同样的原理你在各种书籍里也能看到，而我最喜欢的一本书是吉姆·奎克的《无限可能》，他的大脑因为头朝下撞到了暖气片而受到严重的损伤，但他现在成了全国开发大脑领域里的大咖，记忆力高手。如果你有被限制了的感觉，我推荐你现在就下单买一本读一读。

刻意练习

刻意练习这个词在这几年大火，但其实讲述的并不是什么难以掌握的技巧。

如果你要准备期末考试，那么刻意练习的做法就是给自己出几道题，然后在有限的时间内模拟考试，直接答题。答题之后再检查一遍，看看哪里能更好，然后在改进的基础上再来一次。如果你有演出要准备，那么刻意练习的做法就是直接录像、看录像、反思、然后再来。

总结来说刻意练习就是让自己直接面对问题，很多人在考试前看课件看到半夜，但事实上连一半的概念都记不住。我曾经就是这样，后来我发现那些拿好成绩的同学，无一例外有对自己反复测试的经历。我必须承认这是最有效的方式，你也可以尝试教给别人，或者录视频自己看，这些都会让自己取得最真实的进步。但值得注意的是，这个过程并不快乐，每一次考试都面临着大脑的高度紧张，很累，也很需要时间。

但对于和我一样没有天赋的人来说，刻意练习就是我们学习路上最好的捷径。只不过这是一条走起来很慢的捷径。

建立连接

最后，我想强烈推荐一本谁都能用得上的书，东尼博赞的《思维导图》，不要费尽心思去网上跟所谓的大师学，或者以为自己使用 Xmind、幕布等这样的软件就算懂得了思维导图。在我看来那只是让我们换了一种方式整理资料，而思维导图真正的精髓被大多数人忽略。关键在于连接，用大脑的特有思维方式思考。

你会在思考 1，2，3 的时候禁不住想思考 4，但不会立刻思考 5。这是因为脑中一条"1，2，3，4，5"的连接存在。

搭建思维导图的目的在于让自己脑中的一个点与其他的点相连接，在脑中构建类似于"1，2，3，4，5"这样的连接。比如我在学习"人会从众"这一知识点的时候就会在"从众"这一栏里画一个 GPS（全球定位系统），然后再画一个 CPU（中央处理器）。因为这两个词的开头字母分别对应了 Group size, Prior comment, States 以及 Cohesion, Public response, Unanimous。随后将六个词展开，整个过程都是将大脑中的一个又一个点连接在一起，最后串联到一起，完成记忆。

罗恩·弗莱在《如何记忆》中说："记忆的本质是一种

关联能力，与一件事或一种感觉相关联，就像刚刚发生一样。"我觉得十分正确，事实上单独背诵单词 10 次得到的记忆效果，远不如在读书的过程中遇见 3 次这个词更有效。

此外，当问及青蛙和火箭有什么共同点的时候，大多数人会觉得没什么共同点，而看过《思维导图》的人都知道，青蛙和火箭都会制造噪音。以前没人觉得手机和屏幕可以进行结合，但乔布斯想到了并做成了苹果手机；以前没人想过用做游戏的思维做电商，黄峥想到了，就有了拼多多；以前没人从蒸汽机联想到交通工具，乔治·斯蒂芬森想到了，这才有了第一辆蒸汽机车。

学习时在概念与概念之间建立连接，不仅会加强记忆还会令自己有更多灵感产生。

8. 如何决策？

本章我挑选了 3 个和生活相关性最大的认知偏误，同时也是在学完心理学导论之后，社会心理学、实验心理学等课程中反复出现的概念。

8.1 自利性偏误（Self-serving bias）

我爸妈曾经在家里因为我吵过一架，核心的矛盾就是——我，我的优点是因为谁，缺点是因为谁。我妈的态度是，孩子聪明就像我，但我爸对此表示不屑，并回应道，孩子懒才像你，孩子敢闯敢拼这明显像我。我不知道你有没有类似的经历，当时的我哭笑不得，但也不奇怪，因为他们都受到了自利性偏误的影响——认为自己更重要。事实上我的发展不仅受到他们基因的影响，也受到学校老师、同学，包括我自己的阅读和思考的影响。真要说没有关系那肯定不现实，但如果说只因为遗传就发展出了某些特质，这显然是不严谨的。

通常人们说的自利性偏误，也被叫作自我服务偏差。我们每个人都有服务自己的本能需求，倾向于承认自己是比别人好的，取得成功或者得到提升都是因为自己的原因。事实上，不光是我的父母，很多情侣，或者居住在一起的夫妻也会有自利性偏误。几乎两个人都觉得自己倒垃圾或者洗衣服的次数比对方多，当妻子抱怨"怎么天天都是我倒垃圾"的时候，丈夫很容易回答说"之前的很多次都是我倒的啊！"然而这就会导致矛盾，甚至关系破裂。其根本原因在于不能放下对"自己是更好的"这一形象追求。

反思我自己，在大学生活中有数不清的小组作业，我也确实每次都会有一种"我做得比别人多"的错觉。甚至有时候我会觉得，这个组如果没有我，肯定取得不了好成绩。我大二的时候喜欢和别人夸自己的作业，开头的用词都是"我带的组，我做了什么决策"之类的。而事实情况是，一份作业的好坏也受很多客观因素甚至运气的影响。在大学创业成功赚到钱后，即便是大多数事情都是创始团队核心成员做的，在分抽成时每个成员也都觉得自己拿到的少（这令当时的我们都很自闭）。老师也倾向于说优秀的学生在自己的带领下顺利毕业，而说糟糕的学生尽管自己怎么努力都没能挽救。我在上伦理课时，老师第一节课就提问，你觉得自己会拿什么分数，有 95% 的同学选 A，最高分，而事实是大部分人只能拿到 B。

在学过自利性偏误后，我通常会极力地规避它，当我的脑海中自动蹦出一个洋洋得意的自己时，我都会提醒自己，不，冷静，这是自利性偏误。工作中我没有发挥自己想象的那么大的作用，公司没有我也一样运转；在寝室打扫卫生时我也没有付出很多，有很多时候寝室打扫是室友在我没看见的情况下完成的；考试成绩好也有运气成分，有些问题我是猜对的，或者老师批卷对每个人都放水。毫无疑问这种思想会让我们的自我感觉没那么好，但这样的判断往往带着极少的自我欺骗，让我们能面对真实世界，客观地评价自己，更能面对挫折，不会因努力工作却没被老板看到而抱怨，不会觉得自己打扫寝室次数多，不会因某一次成绩优秀而忘记继续虚心学习。

不可能所有人都高于平均水平，我们要时刻提醒自己。就像我在写这本书时总会妄想这本书会成为一本畅销书，但客观来看，很可能就是我和我的朋友们买几本拿来做纪念。

8.2 损失厌恶（Loss aversion）

所谓损失厌恶，指得到 100 元为我们带来的喜悦，远不如失去 100 元所带来的痛苦。最早由丹尼尔·卡尼曼和特维斯基在 1979 年发表的论文——《前景理论：风险下的决策分析》中提出，至此引起了学术界对人的非理性的关注，对传统经济学中"理性人"的假设提出了颠覆性的质疑。

而对其理论的应用，在今天甚至还能帮我们避免很多不必要的损失。在面对两个选择，20% 的机会赚取 500 元，或者 100% 赚取 100 元时，行为经济学家发现大多数人会选择后者，拿到确定的 100 元。而当情况变成亏损，一个是有 20% 的概率损失 500 元，另一个是 100% 的概率损失 100 元时，人们通常会选择第一个，在风险中赌一把。

这样的场景还原到生活中就是：我们卖出正在上涨的股票，而坚持持有正在下跌的股票。因为还在上涨的股票，我们如果卖出就可以 100% 拿到利润，而如果出售正在飞速下跌的股票，意味着我们实实在在地损失，而我们更加讨厌这样的损失，所以会将希望寄托于股票触底后反弹，而不愿意直接将股票卖出得到确定的损失，就像上面选项中 100% 损失 100 元一样。

现实情况是，总体趋势上涨的股票往往是优质股票，值得长期持有，而总体趋势下降的股票往往是差股，应该尽早抛弃。事实上由于害怕损失而带来的损失，往往比真实的损失更大。

比如做生意，当规模足够大的时候，不可能每一单生意都赚钱。比如，你是一个做蔬菜生意的商人，为 A-Z 区的居民配送蔬菜赚钱，运往 A-Y 区的蔬菜销量都很好，基本送到的菜全卖出去了，而 Z 区的蔬菜一样都没卖出去，白白损失了几千元的运输费和劳务费。如果你总盯着 Z 区的损失而难过，担心未来依然有这样的损失而不再继续经营蔬菜，那可想而知带来的损失是更大的。我们会本能地过分评估自己所失去的，但总体来说只要自己在对的方向上前进，总会收获的比失去的多。

这里的内容几乎每本行为经济学相关的书、课本都会讲到，但我觉得损失厌恶不仅存在于股票市场，也存在于我们看待他人的评价。有的人害怕公开表演，因为担心会有人给予负面评价，因此变得畏畏缩缩，局限了自己的发展。

这一点我作为一个学街舞 7 年的人深有体会，因为我跳的是 Popping（震感舞），在我刚学街舞的时候大家对街舞文化的包容程度还没那么好，所以一场演出下来总有人不理解、不接受。即便是我在高中艺术节演出后收到了大部分人的积极评价，晚上回到寝室后也依然会因走路时无意间听到别人说我跳舞像癫痫病人而难以入睡。

我们倾向于铭记那些令我们觉得难过的事情，无论是损失，还是负面评价。从进化的角度来说，铭记走错路，铭记自己跟野兽搏斗差点丢了性命，等等，这些都是有利于我们适应环境的。但这让我们回首过往时映入眼帘的都是失败，总是对自己的糟糕表现和他人的负面评价耿耿于怀，抑或上文提到的在股票市场因为规避损失而真的损失。

曾经有助于我们适应森林的特质 —— 对损失更敏感，更愿意规避损失 —— 正在让我们在投资中做出错误的决策，在生活中害怕失败，在人际交往中过分在乎负面评价。

　　对于投资，我没有发言权，这个世界上也没有人能给出长期有效，稳赚不赔的投资策略，虽然今天损失厌恶被应用最多的就是在股票交易市场，但我仍然觉得知道这件事该赔钱也还是赔钱。投资自己才是最好的规避损失的选择，每个月多花几千块、几万块炒股，不会给人生带来多大变化。

　　对于生活中的失败，还记得前文讲到的第三只眼吧，我们要用更宏大的视角提醒自己的过分评估失败，告诉自己失败和成功并存，并给予自己克服失败的勇气。我在网上认识了一个承包了两座茶山的老农，即便盈利额只能勉强维持生计，他依然坚持不做淘宝。原因就是他害怕自己迈出那一步之后会损失更多钱，但事实上维持原样（这等于持有下跌的股票）才是更大的损失。

　　维持现状固然不会犯错，但那些伟大的成就不会因此而产生。事实上，幸运女神只会眷顾那些没有被自己脑海中的风险所吓跑的人。

　　最后，对于人际交往，我总会想起街舞老师李想在我刚学街舞的时候对我说过的话："你要记住自己不是人民币，不可能让所有人都喜欢，就算你是人民币，也依然有人视金钱如粪土。"每当被人议论时，这句话都能给我很大的宽慰，并鼓舞我继续向前，也让我不再厌恶"舆论损失"。

　　损失厌恶背后的原理是我们会对那些悲观的、令我们不舒服的事更敏感，而那些积极的、令我们开心的感觉只停留在我们意识中一小段时间。这能在一定程度上解释为什么悲观主义会盛行，为什么负面消息传播得更快。这也是为什么人们接受工资涨 3%，而物价涨 6%，却不愿接受自己降低 2% 的工资，维持物价。这也是为什么幸福课上老师呼吁我们记录生活中的美好——因为我们太容易忘记。我们会因自己高估了损失而造成更大的损失，这样的思考在今天极其具有价值，不只是对行为经济学家、经济学家或者心理学家，对每个人都是如此。

8.3 确认偏误（Confirmation bias）

确认偏误是指，当人们思考问题时，陷入只接受对自己原本观点起支撑作用的例子。人们往往只看到他们相信的东西。

而这也能解释为什么人们会对其他人产生偏见。确认偏误是其中的一个原因。如果我们只看那些我们相信的事物，那么我们永远也不能摆脱偏见。事实是尽管每个个体都是独立的，人们也总是会先下一个判断，例如某些人是死读书的，然后开始寻找证据，你看他们从初中开始就背课文，在大学考试都是死记硬背等例子来支撑自己的观点。中国的教育正在变得越来越多元、开放，科技创新的实力并不输给一些发达国家。大到国家之间，小到个人决策，确认偏误都是危险的。

那怎么避免确认偏误呢？这里有三个办法，转换思考模式、寻找历史参考点和找红队。

　　首先是要转换思考模式，由找证据的思维转换成描述事情的思维。前者单纯是为了让自己的想法被验证，而后者是客观的思考问题。比如判断对方喜不喜欢自己，光看他（她）对自己热情地打招呼来判断，就很容易陷入确认偏误，误以为对方喜欢自己。要全局思考整件事情，比如自己心仪的对象是不是对其他人也热情地打招呼？他（她）的择偶标准如何？他（她）是怎么评价我的？在了解这些问题之后再评估对方是否对自己有意思，就会客观很多，也更准确得多。而不是看到对方打了招呼，微信上聊了几句，就觉得自己被相中了。

　　第二个方法是寻找历史参考点。历史不会重演，但基本都是类似的。比如判断一个人的成绩，最好的办法就是参考这个人之前的成绩。如果这学期和上学期的学习方法等因素都没有太大变化，那事实上成绩也基本差不多一样，即便是有偏差，也不会太多。我经常看到有人在学期末的时候说，这学期完蛋了，下学期再努力拿个全 A 补一补吧，类似这样对自己错误的评价。他们会说，你看我有周密的计划，每天早上起来读书，而且严格控制睡眠时间，认真复习，我还会找朋友交流不会的问题，积极和老师沟通，下学期一定可以提高成绩的。没错，基本上越想越觉得有道理，我自己也有过这样的情况，但现实情况是我所做的其他人也都做了，我以为的高水平其实只是完成学业，作为一个学生本就应该做好。看看过去的自己怎么样，是怎么学的，哪里还能改进，是更有效的方法，也是避免确认偏误的方法。

第三个方法是找红队，就是反其道而行之，我既然只考虑我愿意接受的观点，那刻意地思考并寻找我不支持的观点，不就避免犯错了吗？事实上这是最有用的一个办法，"得到"的 CEO 们在做决策时有一个标准，就是如果一个决策没有反对的意见，那这个决策一定是危险的，因为没有把事物考虑周全，全队的人都赞同，越说越觉得对的时候，往往是在玩自己确认自己的游戏，当时很痛快，但结果很悲惨。

我曾和伙伴一起搭建了校园里的二手交易平台，当时还找各个商家一起做活动，但最后没有人参与，平台上活跃的也只有我们团队的人。当初决定搭建小程序的时候，我们就陷入了确认偏误。同学们有二手交易的需求，大学的教材有的特别贵，多则要六百多，少则也要两百多，那么就有很大一部分人需要二手书，再加上平时的一些闲置物品也可以交易，搭建一个官方的平台服务大家，等交易的人多了我们再收取手续费，甚至还可以利用流量搭建自己的超市，甚至可以帮同学开店。我们那晚讨论的结果是，自己能做 UIC 校内的京东！但事实是，虽然同学们有出二手闲置的需求，这个需求量却没那么大，都集中在毕业季那一段时间。而且另外一个问题是，只有买卖双方都在我们的平台上且有足够的数量基础后才能促成交易，当时的我们，显然没有能力快速让那么多人知道我们。最后一个问题是，我们在决定开始之后的第二天就筹划好了活动，效率没得说，但那个时候是期末。

所以，综上，我们的程序上线不到两个星期就关闭了，根本没人用。

用描述的原则去思考问题，从过去的案例中寻找参照点，并站在自己的反方向思考可能性。掌握这些，远离确认偏误，对我来说，能很大限度地让我少犯错、少浪费钱。对你来说呢？你上一次确认偏误的情况又是什么样的呢？

9. 自由意志与人生剧本

　　自由意志这个问题可以追溯到我的初中时代，我的一个朋友深陷于思考自己存在的意义，他问我："如果这一秒的行为由上一秒的事实决定，那么我们能控制什么呢？"事实上，很多人都会思考这个问题。不被这个问题所困扰的人是幸福的，他们少了很多烦恼。

　　后来我才知道，这个问题的核心叫自由意志，已经被古往今来无数哲学家探讨争论过，它的意思就是，我们决定自己行为和决策的能力。比如，我想吃东西是因为我饿了；我想出门是因为我当下有这个需要。历史上，希腊哲学里没有自由意志的概念，而希腊哲学晚期，斯多葛学派认为人在宇宙面前没有自由意志。

　　这与老子在《道德经》中说的"天地不仁，以万物为刍狗"，在我看来有相似的意思。我们生活的世界并没有刻意地照顾我们，让我们做自己的主人，构成我们身体的基本粒子和落下的树叶一样遵循物理定律。

这个问题也一度困扰我，尤其是在我大二到大三这两年。回想起来也挺搞笑的，当时正在学第一门专业课，也就是心理学导论，我问教授的第一个问题就是："您觉得人有自由意志吗？"但可能是我当时没有表达清楚，或者是教授有意保护我，他给我解释了一遍 Free will（自由意志）的定义，并没有告诉我他觉得人有没有自由意志。

有很长一段时间，我被困在无意义的牢笼里。而在学习心理学史的时候，当时负责教我们的托马斯也在课上说："当你思考这个的时候，很容易会陷入一切都没意义的困境中。但你要回归实际，要平衡科学和实践。"

这给我很大的慰藉，因为想坚守科学研究，就要秉持决定论，抛弃自由意志。虽然这样是对的，但也让自己的存在变得荒谬、虚无，唯一的办法就是在这中间找一个平衡。亚里士多德有句话："吾爱吾师，吾更爱真理。"但此刻我想说，吾爱真理，但吾更爱吾师。因为这一次真理探索让我抛弃和放弃自己，是我的老师一巴掌把我扇醒，让我回到现实。

同样被真理困扰的还有心理学家威廉·詹姆士，28 岁的他曾饱受自由意志这一问题的折磨，但当他走出来之后，便开始积极地主张"实用主义"，"他决定在勒努维耶的意义上假设他具有自由意志，而他的自由意志的第一个行动就是相信自由意志。詹姆士还决定在他以后的人生中认真对待心灵。"①

没错，如同萨姆·哈里斯在书中所倡导的那样，自由意志虽然不存在，但我们可以享受自己拥有自由意志的错觉，并继续做对的事情。②

"世界既不是没有理性，也不是毫无理性，只是毫无理由而已。"

对于这一问题，伟大的物理学家爱因斯坦早在《我的世界观》中简单直接地表达了自己的观点："要研究一个人自身或所有生物存在的意义或目的，我总觉得是荒唐可笑的。"我认为任何认为自由意志不存在并以此为借口沉沦的人，这里包括曾经的我，都应该把这句话铭记在心，当作一种信仰。

关于自由意志的讨论似乎曾让我变得与世界有一种疏离感，眼前的成功、失败，抑或家庭、朋友，甚至是我的一切，都令我觉得冷漠。一个大二的学生不好好看书、准备考试，而是在思考人没有自由意志，这一切没有意义，这可怎么办，显然这是荒谬可笑的，只是不可否认这真的发生了，在我身上发生过，在任何人的身上都有可能发生。

可是，我们依然会因为听见动听的音乐而忍不住起舞，参加比赛就想赢，遇见合适的女生忍不住去追求，被电影情节感动流泪，等等。丹哈蒙在被采访中说道：

"我赞同瑞克认为的一切都无意义吗？其实不赞同，因

---

① 《心理学史》（第四版），戴维·霍瑟萨尔，2011 年 5 月。
② 《自由意志：用科学为善恶做了断》，萨姆·哈里斯，2013 年 6 月。

为认识到'什么都无所谓'虽然确实如此，但却无益于你。地球会爆炸，太阳会爆炸，宇宙在变冷，到最后什么都无所谓。你越能抽身，就能承受越多的事实，但当你聚焦于地球，聚焦于一个家庭，当你聚焦于一个人的大脑，聚焦于一段童年或是一段经历，你看到的是一切都很重要。我们常有机会去短暂体验各种幻觉，比如我爱我的女朋友，我爱我的狗，这何尝不更好呢？"

事实上，认识到自由意志不存在这件事，能使我们从任何糟糕的逆境中抽身出来，反过来审视这一切。无论多么糟糕，这一切都是必然，都有它自己发生的内在逻辑。我们只是参与其中的一个必然因素，而这个结果刚好能被我们所察觉，为我们带来情感上的喜悦或难过，生活上的便利或窘迫。我们能更宽容地接受地铁上别人的大声喧哗，他们都是受环境或者童年经历的影响而来到世界上的普通人，与我们一样。

我保持孤独的状态来审视这个世界和自己，不被他人的行为或环境所左右，从不把自己内心的平衡建立在外在的那些不靠谱的事情上，但同时也深切地感受这个世界的喜怒悲欢。罗翔老师说："没有人是自愿来到这个世界上的，我们只能尽力演好我们的剧本。"这句话让我有深深的共鸣，这体现的是一种面对人生的终极智慧。

每个人都有需要面对的事情，同时也会经历一些必然的事情，而最难得的是小心翼翼拿起剧本，认真地演绎自己的人。这样的人很少会抱怨自己生活中的遭遇，可能更多时候只是自己安静地看书、看花草树木，抑或是享受此刻的呼吸与宁静。而想真正地成为这样的人，以我之见不迈过自由意志与虚无这道坎，是很难达到的，或者只能维持一段时期。

如果说课本之外的第一部分是强调坦然面对大学生活，那么这一章关于自由意志的讨论可以提供坦然面对人生一切的指南。当事业蒸蒸日上的时候，我们有动机、有能量去追逐自己喜欢的一切；而当生活糟糕透顶时，我们也有令自己宽慰的方法 —— 这一切早已注定，有所谓，但也没那么有所谓。

这种宽慰应该是短暂的，深陷其中的人是懦弱的、狡猾的、愚蠢的。勇敢的人，都是面对令人恐惧的虚无感却仍然坚定前行的人，他们最终都会找到人生使命，并取得一项又一项有意义的成就。而我们都可以选择做后者，做勇敢的人，相信自由意志存在，并演好自己的剧本。

10. 未来，心理学能做什么？

如果你走进我的母校 UIC T8 教学楼的 4 楼，那你能发现在食品科学办公室的墙上写着一段标语："Where is food, where is life." 哪里有食物，哪里才有生命。而有趣的是在它的隔壁，心理系办公室的墙上，你也能看到一段标语："Where is life, where is psychology." 有人的地方就有心理学。

无论是与人相处，团队协作，抑或是分析现象洞察本质，甚至是金融、企业管理等，都越来越强调心理学与其他学科交叉应用的重要性。学习四年应用心理学，除了可以积累高深的专业词汇外，更使我们具有理解事物深层逻辑、做研究和写论文的能力。

例如，如果想明确 AR（增强现实）的用户体验情况，离不开心理学关于信效度的控制；迪士尼要拍动画片，要找发展心理学家做顾问；教育领域需要编写考试试题，离不开心理测量专业人士的支持；等等。未来心理学是任何一个除纯技术工种以外的行业深入发展的基础，毋庸置疑的是，它很有潜力。

在这里，有几项与心理学相关的新科技我想展开一下脑洞，探讨一下。

首先不如想得远一点，50 年以后的世界会是什么样？我觉得那时候脑机接口可能会颠覆人类日常，同时外界机械将打破我们自身的身体限制。我赞同《失控》的作者凯文·凯利的观点，人类的第四次认知觉醒将是人类重新认识自己和机器的关系。

脑机接口是什么？还记得我们的大脑最底层运作逻辑是神经元电信号的发射和接收吗？而电脑的底层逻辑也需要电，所以将这两者进行转换，就实现了人脑直接与外在世界的交流。它的最底层逻辑之一是修复我们的身体，这也是脑机接口的初衷，比如我们可以通过外接线信号让瘫痪的病人站起来，让失明的人恢复视力。事实上，今天已经有人佩戴上了脑机接口的设备。英国的尼尔·哈比森从出生就是全色盲，但通过头顶上的一个天线，他就能够感受到世界的色彩了。他也是世界上第一个合法的半机械公民。不难想象在未来，我们与机械间的结合会更加紧密。

再来看看外接机器，2021 年 5 月 19 号发表在《科技·机器人》杂志上的一篇文章[1]介绍了一项通过重力感应器让受试者适应第六根拇指的适应性实验，结果是研究人员感觉这个

---

[1] 原文题目：Robotic hand augmentation drives changes in neural body representation. by Paulina Kieliba, Danielle Clode, Roni O. Mainmon-Mor, and Tamar R. Makin.

外接的机器手臂如同自己身体的一部分。我们都知道即便是在天黑的时候也能用手准确地摸到自己的鼻子，而外接的第六根手指可以在蒙眼的时候运用自如！这件事本身可能没什么所谓，但这本质上说明外接设备有被人类适应的可能。

这些颠覆性的创新对人会造成什么影响，使用它们的人受哪些因素影响，是心理学人未来研究的课题，同时在哲学上，我们也要重新面对"到底什么是人？"这一问题。

再来，我们看看 10 年后心理学有什么用武之地。我觉得首当其冲的是中国心理学的普及，线上到线下，体制内体制外都要为之努力。每个父母都应该学习发展心理学，且充分尊重孩子的成长规律和发展需要。今天我们在这方面上的缺失，都要在未来的日子里补上。

科普的意义还在于让更多人发现人性中的善良和美好。我身边的很多人以金钱衡量人生价值，而事实上金钱是生活的必需品，但绝对不是幸福的必需品。我们都知道马斯洛需求理论，却没有某某幸福理论。追求金钱会让我们像箱子里的鸽子一样反复啄击踏板，不知疲倦，最后消耗殆尽，眼神里满是空洞。而追求幸福会让我们专注于自己的内心，依然在做事，但多了一份给自己的交代。让更多的人知道怎样获得幸福，让更多人获得幸福，我觉得这是未来 10 年内心理学家们可以做的事。对我来说，幸福包括健康（Healthy）、哲学（Philosophy）、心流（Flow）和关系（Relationship）。为方便记忆我称之为"和平服人"（HPFR）。健康包括身心健康，很难想象郁郁寡欢、抑郁的人是幸福的；哲学便是支撑自己面对生活的一份理解，这里不展开讨论；心流是在工作或学习中让自己专注享受过程的体验，能体验心流的人都是幸福的；关系更不必多说，我们即便都是不情愿来到这个世界上的，但家人、爱人、朋友等这些遇见的人都或多或少成了我们生命中的一部分，没有这些关系的人是很难自己生存的，更别提幸福了。

心理学能做什么，我想是通过假设和实验不断地探索发现真理，迎接未来的挑战和改变。同时，为身边的人和自己带来一份价值、一份温暖，提升幸福感。能给他人帮助与支持，也能实现自己的价值，这对整个人生来说是一笔难得的财富。

结 语

　　首先我想说，我们能有今天的一切，离不开我们的国家。我们在这里有幸相遇，要感谢这个时代，也要感谢我的母校，那个全中国名字最长的本科大学，北京师范大学—香港浸会大学联合国际学院，故事在这里发生，梦想从这里开始。

　　感谢我的老师们，感谢何义炜教授，心理学导论这门课就是他亲自教我的，在第一节课上他没有先讲知识点，而是告诉我们有"See everything as common"的平常心，整个大学期间这句话都一直在滋养着我，让我在浮躁的年纪少了很多浮躁。感谢陈蓉蓉教授，在我最迷茫的时候告诉我先专注眼前，先好好学习。特别是托马斯教授，即便是我经常因为英语不好而误解他的意思，他也宽容地为我讲解，他始终都以积极乐观的态度面对生活和工作，这一点潜移默化地也影响了我。我还要感谢黎伟麟教授，李珮慈教授，Slona，Jenny，Eva，Kayson。庆幸自己能在最宝贵的年纪，在 UIC 遇见真正关心学生且专业、务实的老师。这也印证了我们的校训：博文雅致，真知笃行。

我还要感谢陈凯莉、赖子菲、邹以勒，我在大二时邀请他们一起组建一个叫"干一票儿"的团队，并做了一个叫《导论不难》的复习手册，得到一小部分人的认可，如果没有这段经历，也不会让我深刻意识到这样一本书是多么有意义。我更要感谢同为18届的秦雷和翁慧中同学总在我想放弃时鼓励我，给我力量让我写完这本书。

也要感谢罗振宇老师，曾经厌学的我在初三时无意间听了"罗辑思维"，才震惊地发现原来知识这般有趣！平日里看见的事情原来还有多维度的解释。同时"得到"app上宁向东老师的管理学课和武志红老师的心理学课也都陪伴我走过了高三的学习时光。万维钢老师的精英日课更是伴随了我整个大学时光，让我跟这个世界最先进的头脑同步。不知不觉，终身学习、点亮他人这些价值观已经融入到我的身体当中，落实到行动中，才有了写这本书的动力。

最后要感谢我的父母，张海龙先生和薄春玲女士。他们一直把我当一个独立的人看待，而不是他们的一部分。因此在很多事情上给予我极大的自由，这对于完成这本书来说是至关重要的。我的父亲教会我做人要勇敢做自己，不要和其他人一样。我的母亲教我要与人为善，对生命中遇到的人热情相待。这些一直是支撑着我在学校里坚持探索，不仅仅学习书本上的东西，还持续实践，并持续与人建立联系的原因。

叔本华曾说过："一个人的生活经历可以被视为一本书的正文，而对生活经历的咀嚼和认识则是对正文做出的解释。"我想，学习过程也是如此，课本里学到的东西是正文，而考完试放下课本后的思考，就是对其的注解。

衡量一个人的学习成果可以有两种，一种是考试成绩如何，而另一种是考试后是否会翻一翻书，弄明白当初不太清楚的地方，坦诚来讲，我严格要求自己做第二种人。

作为学生，读书无疑是为了学业；而作为一个读书人，"为认识自己，为理解社会，也为解决问题，而读有用之书——终身学习，学以致用。至于致什么用，我们都是中国人，万流归宗，终归要回到诚意正心、格物致知、修齐治平。哪怕今天读的都是英文书，到最后，我们也还是与属于自己的传统血脉相连"，王朔在《跨界学习》结尾的话，我觉得放在这里再合适不过，因为这给我极大的共鸣。

我读的就是英文书，心理学最开始也是起源于西方，我有幸在 UIC 接受了这些文化知识的滋养，有幸读到了这些书，将上大学的思考与感悟总结成这本书，让更多人看一看、了解一下，这便是一件平凡又伟大的事了。

这个时代是最有希望的，也是最绝望的；是最宝贵的，也是最荒废的；是最值得坚持的，也是最适合放弃的。每个时代的人都要面对只属于他们的挑战和机遇，纵观历史，每个问题最终也都是被同时代的英雄豪杰们所解决。

这需要挺身而出的精神，去思考、去实践、去改变，哪怕无功而返，也要坚守使命。如果你是这样一个人，一个面对问题勇于挺身而出的人，在这艰辛的路上，心理学一定能帮助到你，而我的愿望和使命，就是把它送到你身边。